中阳县
耕地地力评价与利用

张君伟　主编

U0311266

中国农业出版社

内容简介

　　本书是对山西省中阳县耕地地力调查与评价成果的集中反映。是在充分应用"3S"技术进行耕地地力调查并应用模糊数学方法进行成果评价的基础上，首次对中阳县耕地资源历史、现状及问题进行了分析、探讨，并应用大量调查分析数据对中阳县耕地地力、中低产田地力和果园状况等做了深入细致的分析。揭示了中阳县耕地资源的本质及目前存在的问题，提出了耕地资源合理改良利用意见，为各级农业科技工作者、各级农业决策者制订农业发展规划，调整农业产业结构，加快绿色、无公害农产品基地建设步伐，保证粮食生产安全，科学施肥，退耕还林还草，进行节水农业、生态农业以及农业现代化、信息化建设提供了科学依据。

　　本书共八章。第一章：自然与农业生产概况；第二章：耕地地力调查与质量评价的内容与方法；第三章：耕地土壤属性；第四章：耕地地力评价；第五章：中低产田类型分布及改良利用；第六章：果园土壤质量及培肥对策；第七章：耕地质量状况与核桃标准化生产的对策研究；第八章：耕地地力调查与质量评价应用研究。

　　本书适宜农业、土肥科技工作者及从事农业技术推广与农业生产管理的人员阅读。

编写人员名单

主　编：张君伟

副主编：兰晓庆　任海全　张晓玲

编写人员（按姓名笔画排序）：

王照亮	任红霞	任志荣	任海全	刘　杰
刘艳红	刘爱保	刘跃平	齐晶晶	李学泽
李新梅	杨月梅	张小红	张月珍	张文剑
张晓玲	张继红	胡占军	胡永莉	高春娥
高艳珍	雷志霞	潘永刚		

序

　　农业是国民经济的基础，农业发展是国计民生的大事。为适应我国农业发展的需要，确保粮食安全和增强我国农产品竞争的能力，促进农业结构战略性调整和优质、高产、高效、生态农业的发展，针对当前我国耕地土壤存在的突出问题，2009年在农业部精心组织和部署下，中阳县成为测土配方施肥项目县。根据《全国测土配方施肥技术规范》积极开展测土配方施肥工作，同时认真实施耕地地力调查与评价。在山西省土壤肥料工作站、山西农业大学资源环境学院、吕梁市土壤肥料工作站、中阳县农业局广大科技人员的共同努力下，2012年完成了中阳县耕地地力调查与评价工作。通过耕地地力调查与评价工作的开展，摸清了中阳县耕地地力状况，查清了影响当地农业生产持续发展的主要制约因素，建立了中阳县耕地地力评价体系，提出了中阳县耕地资源合理配置及耕地适宜种植、科学施肥及土壤退化修复的意见和方法，初步构建了中阳县耕地资源信息管理系统。这些成果为全面提高中阳县农业生产水平，实现耕地质量计算机动态监控管理，适时提供辖区内各个耕地基础管理单元土、水、肥、气、热状况及调节措施提供了基础数据平台和管理依据。同时，也为各级农业决策者制订农业发展规划，调整农业产业结构，加快绿色食品基地建设步伐，保证粮食生产安全以及促进农业现代化建设提供了第一手资料和最直接的科学依据，也为今后大面积开展耕地地力调查与评价工作，实施耕地综合生产能力建设，发展旱作节水农业、测土配方施肥及其他农业新技术普及工作提供了技术支撑。

本书系统地介绍了耕地资源评价的方法与内容，应用大量的调查分析资料，分析研究了中阳县耕地资源的利用现状及问题，提出了合理利用的对策和建议。该书集理论指导性和实际应用性为一体，是一本值得推荐的实用技术读物。该书的出版将对中阳县耕地的培肥和保养、耕地资源的合理配置、农业结构调整及提高农业综合生产能力起到积极的促进作用。

王高勇

2013 年 12 月

前言

　　耕地是人类获取粮食及其他农产品最重要、不可替代、不可再生的资源，是人类赖以生存和发展的最基本的物质基础，是农业发展必不可少的根本保障。新中国成立以来，山西省中阳县先后开展了两次土壤普查。两次土壤普查工作的开展，为中阳县国土资源的综合利用、施肥制度改革、粮食生产安全做出了重大贡献。近年来，随着农村经济体制的改革以及人口、资源、环境与经济发展矛盾的日益突出，农业种植结构、耕作制度、作物品种、产量水平，肥料、农药使用等方面均发生了巨大变化，产生了诸多如耕地数量锐减、土壤退化污染、水土流失等问题。针对这些问题，开展耕地地力评价工作是非常及时、必要和有意义的。特别是对耕地资源合理配置、农业结构调整、保证粮食生产安全、实现农业可持续发展有着非常重要的意义。

　　中阳县耕地地力评价工作，于 2009 年 11 月 4 日开始到2011 年 12 月结束，完成了中阳县 5 镇、2 乡、93 个村民委员会的 19.8 万亩耕地的调查与评价任务。3 年共采集土样 3 400个、果园土样 100 个，并调查访问了 2 000 个农户的农业生产、土壤生产性能、农田施肥水平等情况；认真填写了采样地块登记表和农户调查表，完成了 3 400 个样品常规化验、中微量元素分析化验、数据分析和收集数据的计算机录入工作；基本查清了中阳县耕地地力、土壤养分、土壤障碍因素状况，划定了中阳县农产品种植区域；建立了较为完善的、可操作性强的、科技含量高的中阳县耕地地力评价体系，并充分应用 GIS、GPS 技术初步构筑了中阳县耕地资源信息管理系统；提出了中阳县耕地保护、地力培肥、耕地适宜种植、科学施肥及土壤退化修复办法等；形成了具有生产指导意义的数字化成果图。收集资料之广泛、调查数据之系统、内容之全面是前所未有的。这些成果为全面提高农业工作的管理水平，实现耕地质量计算机动态监控管理，适时提供辖区内各个耕地基础管理单元土、水、肥、气、热状况及调节措施提供了基础数据平台和管理依据。同时，也为各级农业决策者制订农业发展规划，调整农业产业结构，加快绿色食品基地建设步伐，保证粮食生产安全，进行耕地资源合理改良利用，科学施肥以及退耕还林还草、节水农业、生态农业、农业现代化建设提供了第一手资料和最直接的科学依据。

为了将调查与评价成果尽快应用于农业生产，在全面总结中阳县耕地地力评价成果的基础上，引用大量成果应用实例和第二次土壤普查、土地详查有关资料，编写了《中阳县耕地地力评价与利用》一书。本书首次比较全面系统地阐述了中阳县耕地资源类型、分布、地理与质量基础、利用状况、改善措施等，并将近年来农业推广工作中的大量成果资料录入其中，从而增加了该书的可读性和可操作性。

在本书编写的过程中，承蒙山西省省土壤肥料工作站、山西农业大学资源环境学院、吕梁市土壤肥料工作站、中阳县农业局广大技术人员的热忱帮助和支持，特别是中阳县农业局的工作人员在土样采集、农户调查、数据库建设等方面做了大量的工作。县长王建国、副县长武爱国、农业局局长郭建新安排部署了本书的编写，由任海全、刘爱保、刘跃平、高艳珍完成编写工作，参与野外调查和数据处理的工作人员有杨继平、王新颖、武安明、张星星、任海全、刘爱保、胡占军、刘杰、高春娥、张继红、张小红、王照亮、张月珍、胡月平、李新梅、高艳珍、王彩艳、郭峻铄、申霞、朱翠红、任建国、杨迎娥、袁建军、高海明、苏云贵、刘晓军、任明琦、王成明、付贵宝、王侯应、宋振中、雷应平，土样分析化验工作由汾阳市瑞丰土壤检测中心完成，图形矢量化、土壤养分图、数据库和地力评价工作由山西农业大学资源环境学院和山西省土壤肥料工作站完成，野外调查、室内数据汇总、图文资料收集和文字编写工作由中阳县农业局完成，在此一并致谢。

编　者

2013 年 12 月

目 录

第一章　自然与农业生产概况

第一节　自然与农业经济概况

一、地理位置与行政区划

中阳，春秋属晋，战国为中阳邑，两汉始置中阳县，东汉末并入离石县。北周大象元年（579年）分中阳置宁乡、平夷两县，均属离石郡，隋大业三年（607年）宁乡县并入离石只置平夷。金泰和年，改平夷县为宁乡县。民国三年（1914年），改宁乡县为中阳县。1958年并入离石县，1959年恢复中阳县置。

中阳县位于晋西吕梁山脉中段西侧，地理坐标为：北纬37°03′～37°29′，东经110°50′～111°29′。东与汾阳、孝义交界，南与交口相连，西与柳林、石楼接壤，北与离石毗邻。版图略呈菱形。境内东南为土石山区，多有崇山峻岭，林茂草丰；西北是黄土丘陵，田地广阔，沟壑纵横。整个地形由东南向西北逐渐低倾。百里南川河由南向北蜿蜒出境；暖泉河自东向西滋润两岸田园。自然之力，造化了县东咽喉石门口，县境之南的关口上和北部大门金罗川，成为历代兵家必争和战争多发之地，现代交通建设倾力之处。

中阳县自西汉置县以后，历经2 000多年，县治全境域几经变迁，至今共辖7个乡（镇），321个自然村。2011年统计资料有52 411户，14.23万人口。其中，农业人口10.03万人，占总人口的70%。详细情况见表1-1。

表1-1　中阳县行政区划与人口情况

乡（镇）	村民委员会（个）	自然村（个）	总户数	总人口
宁乡镇	15	61	20 202	55 153
金罗镇	14	34	8 006	22 699
枝柯镇	8	29	3 847	10 921
武家庄镇	13	63	4 375	14 176
暖泉镇	15	32	5 980	19 959
张子山乡	14	44	5 764	16 959
下枣林乡	14	58	4 237	13 109
合　计	93	321	52 411	152 976

二、土地资源概况

据2011年统计资料显示，中阳县国土面积1 438.61平方千米，折合215.79万亩[*]。海拔在1 700米以上，东南部土石森采区为899.5平方千米，占全县总面积的62.5%；海

---

[*]　亩为非法定计量单位，1亩=1/15公顷。

拔在 1 000 米以上，西部黄土丘陵区为 448.31 平方千米，占总面积的 31.2%；海拔在 1 000 米以下，沿川河区为 90.8 平方千米，占总面积的 6.3%。已利用国土面积 210.78 万亩，占总土地面积的 97%。在已利用的土地中，耕地面积 19.75 万亩，占 9.3%；园地 14.16 万亩，占 6.7%；林地 141.57 万亩，占 67.1%；草地 27.27 万亩，占 13%；城镇村、工矿用地 5.74 万亩，占 2.7%；交通运输用地 2.19 万亩，占 1%；水库面积 0.07 万亩，占 0.2%。未利用土地面积 5.01 万亩，占 3%。

中阳县地处晋陕黄土高原东部，地势自东南向西北倾斜，除南川河和暖泉河谷区外，海拔均超过千米。山高林密、群峰起伏的上顶山、起云山、雪岭山及八道军山等矗立于县城东南方向，均属吕梁山脉。上顶山主峰海拔 2 100.7 米，是全县最高处，中低山地零星覆盖黄土，形成土石地区，位于县境东南部。西部黄土广泛分布，经长期切割形成土梁峁沟壑丘陵区，位于县境西部，海拔为 890～1 400 米。中部南川河谷地较为宽坦，谷地下游道棠村 907.7 米，形成宽谷地貌，县城位于宽谷南端。

中阳县土壤共分四大土类，10 个亚类，46 个土属以及 100 个土种。以灰褐土为主，分布面积 203.59 万亩，占总面积的 94%，其次是草甸土、棕壤土等。在各类土壤中，宜农土壤比重大，适种性广，有利于农、林、牧全面发展，综合应用。

三、自然气候与水文地层

(一) 气候

中阳县处于暖温带季风气候区，为典型的大陆性气候，四季气候特征鲜明；春季少雨多风，气候干旱，增温迅速。冷暖多变；夏季暖热多雨，气候稳定，少变；秋季天高气爽，降雨较多，降温急促；冬季气候寒冷，降雪稀少；气温变化缓慢。纵观中阳县由东至西：气温明显升高，年日温差增大；降水却急剧减少；风力逐渐减弱；光照条件发生相应变化。

1. 日照　年平均日照时数为 2 708.4 小时，5 月日照时数最多，平均为 278.1 小时，2 月最少，平均为 180.6 小时。

2. 气温　中阳县年平均气温 1 月最冷，月均气温 -7.5℃；7 月最热，月均气温 21.5℃，年极端最高气温出现在 7 月，极端最高值 35.6℃（1974 年 6 月 16 日）；极端最低气温出现在 1 月，月均气温 -7.5℃，最低于 -11.8℃。极端最低值 -24.5℃（1980 年 1 月 30 日）。全县无霜期平均 143 天，初霜冻日为 9 月 31 至 10 月 16 日，终霜冻为 4 月 15 日至 5 月 29 日。

3. 地温　地温随气温的逐日变化而变，20 厘米土壤温度为 9.3℃，略高于气温，7 月最高为 21.5℃，1 月最低为 6℃，通常 12 月开始封冻，2 月开始解冻。最大冻土层深度为 92 厘米（1977 年 2 月）。

4. 降水量　年平均降水量为 518.6 毫米，年降水量最多为 684.9 毫米，最少为 358.5 毫米，7～8 月降水为 244.1 毫米，占全年降水量的 47.1%，为全年降水量最多的月份。四季降水分布：春季占 14.4%，夏季占 60.8%，秋季占 21.9%，冬季占 2.9%。降水量年际间变化也较大，其降水量相差 362.1 毫米。总之，丰年 6～7 年一遇，偏旱年 2～5 年一遇，旱年 10 年一遇，偏涝年 6～7 年一遇，涝年 5 年一遇。

5. 蒸发量 蒸发量大于降水量，多年平均蒸发量为 1 976.8 毫米，为降水量的 3.8 倍，年最大蒸发量为 2 177.8 毫米，是年降水量的 5 倍之多，年最小蒸发量为 1 747.6 毫米，是年降水量的 2.6 倍。

各季度的蒸发量不同：春季占 35.0%，夏季占 39.1%，秋季占 18.3%，冬季占 7.6%。5～6 月份最强。历年各月最大蒸发量为 411.6 毫米（1982 年 5 月），最小为 26.3 毫米（1974 年 12 月），降水少，大量蒸发是造成中阳县常年干旱的重要原因。

（二）成土母质

1. 花岗片麻岩类残积—坡积物 主要分布在张子山乡禅房以南至宁乡（镇）的陈家湾一带。

2. 砂页岩质残积—坡积物 主要分布在暖泉沟、下枣林、苏村沟及南川河东岸。

3. 黄土坡积物 零星分布于黄土丘陵地区的沟坡上，由侵蚀形成裂缝滑坡。堆积杂乱，无发育层次。

4. 黄土母质 为第四季的马兰黄土，是黄土丘陵区的主要母质类型。

5. 红黄土母质 为第四季红色黄土地，分布于黄土丘陵侵蚀严重的沟壑地段。

6. 黄土状母质 为第四季洪积黄土，主要分布在南川河下游的川谷高台地上。

7. 红黏土母质 为第三季保德红土，露出于黄土丘陵地区侵蚀严重的切沟底部。

8. 古土壤 黄土丘陵沟壑及山梁鞍部的埋藏黑垆土，有的底部裸露。

9. 洪积—冲积物 分布于南川河的河漫滩和一级阶地上。母质来源主要为南川河冲积物和两侧沟谷的洪积物。

10. 人工堆垫母质 是层积母质类型，土层大于 30 厘米，而且产生了新的成土过程。

（三）河流与地下水

中阳县有大小河流 11 条：南川河系三川河一大支流，发源于县境之上顶山北麓，经宁乡镇、金罗镇北流至离石交口镇与山川河汇合，西坪经中阳县注入黄河，全长 56 千米，海拔高度为 900～2 000 米，流域面积 20 世纪 80 年代可达 825.5 平方千米。此后降水量减少，地下水位下降，在上游地区可形成径流注入陈家湾水库，中、下游在进行人工改造、建设。暖泉河发源于八道军山西麓，经暖泉镇长西流至石楼县入黄河，全长 32 千米，流域面积 176.5 平方千米，径流量年均 491 万立方米，张家庄沟、武家庄沟、吴家峁沟等 9 条沟为季节性流水，沟道呈羽毛状，沟长一般 10～20 千米，流域面积 30 万平方千米，平均径流量 895 万立方米。

泉水遍及中阳县，共计 77 处，总流量 150 升/秒，大于 1 升/秒的山泉 25 处，总流量 138 升/秒。地下水可开采利用 3 500 万立方米。

（四）自然植被

中阳县自然植被覆盖较好，海拔 1 300 米以上的地面，均为森林、灌木和草丛所覆盖。

1. 林木类 森林植被，主要分布在县境东南部、南川河上游，海拔在 1 800 米以上的石质和土石山区。以针阔叶混合林为主，主要有松、柏、桦、柞等树种。林下混生沙棘、黄刺玫等灌木和以荒草地组植被为主的林间草丛。

2. 草灌类 草灌植被，主要分布在海拔为 1 400～1 800 米的黄土丘陵和土石山区。上部有次生的针阔叶林混合群落着生，其间灌木也较多；下部灌木植被茂密，多为山地草原类。此外，还有沙棘、丁香、水枸子、黄刺玫及龙柏等草灌植被。柏洼山、苍湾、楼子台、石家沟、羊山道等地则以侧柏为主，林间间生有沙草坪荒草、羊毛草、蒿草等植被。

3. 旱生类 旱生植被，主要分布在海拔 1 400 米以下的山地区，坡上生长禾本科及各类杂草，为本县之天然牧区；沟底有牛筋子、羊毛草、狗尾草等混生；悬崖峭壁分布各类荆条、枸杞、醉枣、麻黄、黄芩、甘草及白蒿等旱生植被。

4. 耐旱性类 耐旱性植被，主要分布于河谷地带，以芦苇、蒿类、苦菜、碱草和水草等典型的耐旱性群落植被为主。

四、农村经济概况

2011 年，农村经济总收入为 92 075.94 万元。其中，农业收入为 9 088.52 万元，占 9.9%；林业收入为 5 050.03 万元，占 5.5%；畜牧业收入为 4 385.19 万元，占 4.8%；工业收入为 48 695.72 万元，占 52.8%；建筑业收入为 3 754.3 万元，占 4.1%；交通运输业收入为 10 023.8 万元，占 10.9%；商饮业收入为 3 236.1 万元，占 3.5%，服务业收入为 3 019.76 万元，占 3.3%；其他收入为 4 822.52 万元，占 5.2%。农民人均收入为 4 838 元。

改革开放以后，农村经济有了较快发展。中阳县农村经济总收入：1965 年为 344 万元，1975 年为 918 万元，10 年间提高 167%；此后更是呈翻番态势，1985 年为 3 677 万元，是 1975 年的 4 倍；1995 年为 40 408 万元，是 1985 年的 11 倍；2005 年为 73 894 万元，是 1995 年的 1.8 倍；2011 年为 92 076 万元，是 2005 年的 1.2 倍，农民人均纯收入也有了很大的提高；1960 年为 32 元，1970 年为 34 元，1980 年为 49 元，1985 年达到 263 元，1995 年达到 761 元，2005 年达到 2 100 元；2011 年达到 3 728 元。

第二节 农业生产概况

一、农业发展历史

中阳县农业历史悠久，据县志记载，历史上地广人稀，种植作物广泛，素来种植玉米、谷子、高粱、莜麦、马铃薯、胡麻等农作物。新中国成立以后，农业生产有了较快发展，特别是中共十一届三中全会以后，农业生产发展迅猛，随着农业新品种、新技术的推广应用，农业机械化水平不断提高，农田水利设施逐年配套建设，农业生产迈上了快车道。1949 年耕地面积 33.71 万亩，全县粮食总产为 1 235 万千克，12 190 吨，油料总产为 102 吨；1980 年耕地面积 28.1 万亩，是 1949 年的 83%，而粮食总产达到 2 840 万千克，是 1949 年的 2.3 倍，蔬菜总产为 261 万千克，是 1949 年的 1.7 倍，油料总产为 52 万千克，是 1949 年的 5.1 倍；2011 年耕地面积 14.65 万亩，是 1949 年的 43%，1980 年的 52%，而粮食总产达到 2 147 万千克，单产是 1980 年的 1.59 倍，蔬菜总产为 358.5 万千克，单产是 1980 年 2.5 倍，油料总产为 43.9 万千克，单产是 1980 年的 2.1 倍。详细情况见表 1-2。

表 1-2　中阳县主要农产品总产量

单位：吨、元

年份	粮食总产	油料总产	水果总产	肉类总产	农民人均纯收入
1949	12 190	102	——	66	——
1960	11 560	59	45	222	32
1965	15 025	188	105	367	34
1970	17 180	119	125	413	34
1975	30 020	250	285	348	53
1980	28 400	521	180	696	49
1985	26 275	2 969	590	617	263
1990	40 110	2 881	544	1 125	437
1995	19 513	935	1 084	1 341	761
2000	13 568	324	1 437	1 354	788
2005	17 068	642	2 181	999	2 100
2010	19 413	503	1 691	2 019	3 159
2011	21 471	439	1 567	2 726	3 728

二、农业发展现状与问题

中阳县光热资源丰富，梯田化水平较高，但水资源较缺，干旱是农业发展的主要制抑因素。2011 年，全县耕地 14.65 万亩，仅 0.5 万亩水地，占耕地面积的 3.4%。

2011 年，中阳县农、林、牧总产值按现行价计算为 18 497.2 万元。其中，农业产值为 11 835.4 万元，占 63.9%；林业产值为 1 504.3 万元，占 8.0%；牧业产值为 4 897.3 万元，占 26.5%；渔业产值为 92.1 万元，占 0.5%；农林牧服务业为 200 万元，占 1.1%。

中阳县 2011 年，粮食作物面积 13.31 万亩，油料作物 0.879 3 万亩、蔬菜 0.389 4 万亩，豆类 4.54 万亩，薯类 2.22 万亩，水果 0.398 3 万亩。

2011 年末，存栏数量中阳县大牲畜：马 55 匹，驴 14 头，骡子 130 头，牛 69.8 头；羊 5 860 只，鸡 23.7 万只，养蜂 608 箱。

中阳县农机化水平：全县农机总动力 113 649 千瓦，拖拉机 672 台。其中，大中型的 128 台，小型的 544 台。种植业机械 1 012 台：主要有机引犁 620 台，机引耙 30 台，旋耕机 121 台，秸秆粉碎还田机 17 台。农田排灌机械 727 台，有农田排灌动力机械 420 台，动力达 14 195 千瓦，农用小泵 306 台，机动脱粒机 290 台，农副产品加工机械 588 台，农用运输车 6 930 台，农用载重车 3 053 台，推土机 30 台。全县机耕面积 10.3 万亩，机播面积 6.9 万亩，农膜用量 15.1 吨，农药用量 9 吨，农用柴油使用量 72.4 吨，农田化肥施用量（折纯）1 152.4 吨。

中阳县共拥有各类用于农业的水利设施：固定机电排灌站 24 处，配套机井 10 眼，蓄水工程实际供水量 30 万立方米，地下水开采量 10 万立方米，防渗渠道 26 千米，自流渠道 26 处，挖泉截流 29 处，管灌 18.2 千米。

从中阳县农业生产看，随着退耕还林步伐的加快，农作物播种面积逐年下降，管理粗放，特别是蔬菜面积急剧下降。分析其原因：一是中阳县被列为全省退耕还林示范县，因此减少了粮食播种面积；二是种粮效益低，农民大多因子女进城读书而就近打工，在打工之余回家务农，导致面积下降，效益低下；三是中阳县山多沟窄，平地较少，由于近年建筑、交通占地增加，减少了种植蔬菜面积，加之连年干旱，地下水位下降，使保浇地变成水地，水地变旱坪地，不利于蔬菜的发展，县城居民吃菜基本上靠外调。

第三节 耕地利用与保养管理

一、耕作制度及种植形式

由于中阳县大部分地区气候较寒冷，无霜期为 90～180 天。所以，耕作制度大多沿袭一年一作，即春播秋收。在暖泉镇下游地区，无霜期较长地区，一年两作，进行立体套种形式，有瓜—油套种、瓜—粮套种、瓜—菜套种等模式，可以充分利用光热资源，有效增加土地产出，增加农民收入。

二、耕地利用现状，生产管理及效益

中阳县种植作物主要有玉米、谷子、马铃薯、油料、小杂粮、蔬菜，少量种一些药材、瓜类等经济作物，以一年一作耕作制度为主。灌溉水源有季节性一河一流；深井打水灌畦，平均费用 30 元左右/亩，一年一作亩投入 80 元左右，两作亩投入 120 元左右。

据 2011 年统计部门资料，中阳县农作物总播种面积 14.65 万亩，粮食播种面积 13.32 万亩，总产量为 21 470.8 吨。其中玉米 3.71 万亩，总产量为 10 483.1 吨，平均亩产 282.52 千克；谷子 1.87 万亩，总产量为 3 129.3 吨，平均亩产 167.2 千克；薯类 2.22 万亩，总产为 3 477.3 吨（折粮），平均亩产 156.5 千克；豆类 4.54 万亩，总产量为 3 481.4 吨，平均亩产 76.6 千克；油料 0.88 万亩，总产量为 438.9 吨，平均亩产 49.9 千克；蔬菜 0.39 万亩，总产量为 3 585 吨，平均亩产 920.6 千克。

效益分析：高肥力地多年机修梯田地平均亩产玉米 360 千克，每千克售价 1.5 元，亩产值 540 元，亩投入 230 元，亩收益 210 元；谷子平均亩产 205 千克，亩产值 390 元，亩投入 205 元，亩收益 185 元；马铃薯平均亩产（折粮）235 千克，亩产值 430 元，亩投入 210 元，亩收益 220 元，普通肥力地收益就低一些，如遇自然灾害年份，收益更低，甚至有亏本的年份和地块。

三、施肥现状和耕地养分演变

中阳县大田施肥情况是：化肥施用量增大而农家肥施用量呈明显的下降趋势，究其原因，一是农民重工轻农现象严重，在打工之余粗放务农，施点化肥图个方便；二是牲畜量减少，农家肥肥源随之减少。过去农村耕地，运输靠畜力，农民收入靠养殖，可谓六畜兴旺，五谷丰登。1949 年全县有大牲畜 4 247 头，1985 年发展到 8 100 头，1990 年增48 639头，1998 年之后，随着农业机械化水平的提高，大牲畜养殖数量逐年下降，到2011 年降到 6 918 头，而且大多是肉牛（在靠山地区的山上散养）。猪和鸡的数量虽然大量增加，但粪便主要施入菜田、果园等效益较高的经济作物。目前，大田土壤中的有机质主要靠秸秆还田和少量农家肥，而化肥的施用量也逐渐趋于合理。据统计资料，化肥施用量 1950 年仅为 5 吨，1960 年为 180 吨，20 世纪 70 年代本县化肥厂投产，化肥施用量大增，1973 年施用量为 1 842 吨，1985 年为 5 434 吨，1990 年为 7 973 吨，2000 年为 5 980吨，2011 年为 3 880 吨。

2011 年，中阳县平衡施肥面积 14 万亩，微肥应用面积 12 万亩，秸秆还田面积 5.5万亩，化肥施用量（实物）3 897.9 吨，其中氮肥 1 933.5 吨，磷肥 960.4 吨，钾肥 263.1吨，复合肥 722.9 吨。

随着农业生产的发展和农业技术的普及和推广，2011 年中阳县耕地耕层土壤养分测定结果比 1980 年全国第一次土壤普查结果普遍提高。土壤有机层平均增加 5.5 克/千克，全氮增加了 0.226 克/千克，有效磷增加了 11.01 毫克/千克，速效钾增加了 96.21 毫克/千克。随着测土配方施肥技术的全面推广和应用，土壤中养分含量将会不断趋于合理，土壤综合肥力将会不断提高。

四、耕地利用与保养管理

1990 年，进行第二次土壤普查，根据普查结果，制订了中阳县综合治理与经济发展战略规划。在规划中划分了土壤利用改良区，根据不同土壤类型，不同土壤肥力和不同的生产水平，提出了合理利用培肥措施，从而达到培肥土壤目的。

2000 年以后，随着农业生产结构调整步伐加快，实施沃土计划，普及推广平衡施肥，特别是近 3 年测土配方施肥项目的实施，农业大环境得到有效的改善，农田环境日益好转。随着政府对农业投入的不断加大，各种惠农政策的不断出台落实，全县农业正逐步向优质、高产、高效迈进。

第二章 耕地地力调查与质量评价内容与方法

根据《全国耕地地力调查与质量评价技术规程》（以下简称《规程》）和《全国测土配方施肥技术规范》（以下简称《规范》）的要求，通过肥料效应田间试验、样品采集与制备、田间基本情况调查、土壤与植株测试、肥料配方设计、配方肥料合理使用、效果反馈与评价、数据汇总、报告撰写等内容、方法与操作规程和耕地地力评价方法的工作过程，进行耕地地力调查和质量评价。这次调查和评价是基于4个方面进行的：一是通过耕地地力调查与评价，合理调整农业结构、满足市场对农产品多样化、优质化的要求以及经济发展的需要；二是全面了解耕地质量现状，为无公害农产品、绿色食品、有机食品生产提供科学依据，为人民提供健康安全食品；三是针对耕地土壤的障碍因子，提出中低产田改造、防止土壤退化及修复已污染土壤的意见和措施，提高耕地综合生产能力；四是通过调查，建立全县耕地资源信息管理系统和测土配方施肥专家咨询系统，对耕地质量和测土配方施肥实行计算机网络管理，形成较为完善的测土配方施肥数据库，为农业增产、农业增效、农民增收提供科学决策依据，保证农业可持续发展。

第一节 工作准备

一、组织准备

由山西省农业厅牵头成立测土配方施肥和耕地地力调查领导组、专家组、技术指导组，中阳县成立相应的领导组、办公室、野外调查队和室内资料数据汇总组。

二、物质准备

根据《规程》和《规范》的要求，进行了充分物质准备，先后配备了 GPS 定位仪、不锈钢土钻、计算机、钢卷尺、环刀、土袋、可封口塑料袋、水样瓶、水样固定剂、化验药品、化验室仪器以及调查表格等。并在原来土壤化验室基础上，进行必要补充和维修，为全面调查和室内化验分析做好充分的物质准备。

三、技术准备

领导组聘请农业系统有关专家及第二次土壤普查有关人员，组成技术指导组，根据《规程》和《山西省 2005 年区域性耕地地力调查与质量评价实施方案》及《规范》，制定了《中阳县测土配方施肥技术规范及耕地地力调查与质量评价技术规程》，并编写了技术培训教材。在采样调查前对采样调查人员进行认真、系统的技术培训。

四、资料准备

按照《规程》和《规范》的要求，收集了中阳县行政规划图、地形图、第二次土壤普查成果图、基本农田保护区划图、土地利用现状图、农田水利分区图等图件。收集了第二次土壤普查成果资料，基本农田保护区地块基本情况、基本农田保护区划统计资料，大气和水质量污染分布及排污资料，果树、蔬菜、品种、产量及污染等有关资料，农田水利灌溉区域、面积及地块灌溉保证率，退耕还林规划，肥料、农药使用品种及数量、肥力动态监测等资料。

第二节 室内预研究

一、确定采样点位

（一）布点与采样原则

为了使土壤调查所获取的信息具有一定的典型性和代表性，提高工作效率，节省人力和资金。采样点参考县级土壤图，做好采样规划设计，确定采样点位。实际采样时严禁随意变更采样点，若有变更须注明理由。在布点和采样时主要遵循以下原则：一是布点具有广泛的代表性，同时兼顾均匀性。根据土壤类型、土地利用等因素，将采样区域划分为若干个采样单元，每个采样单元的土壤性状要尽可能均匀一致；二是耕地地力调查与污染调查（面源污染与点源污染）相结合，适当加大污染源点位密度；三是尽可能在全国第二次土壤普查时的剖面或农化样取样点上布点；四是采集的样品具有典型性，能代表其对应的评价单元最明显、最稳定、最典型的特征，尽量避免各种非调查因素的影响；五是所调查农户随机抽取，按照事先所确定采样地点寻找符合基本采样条件的农户进行，采样在符合要求的同一农户的同一地块内进行。

（二）布点方法

1. 大田土样布点方法 按照《规程》和《规范》，结合中阳县实际，将大田样点密度定为川谷区、丘陵区平均每200亩一个点位，实际布设大田样点1 000个。一是依据山西省第二次土壤普查土种归属表，把那些图斑面积过小的土种，适当合并至母质类型相同、质地相近、土体构型相似的土种，修改编绘出新的土种图；二是将归并后的土种图与基本农田保护区划图和土地利用现状图叠加，形成评价单元；三是根据评价单元的个数及相应面积，在样点总数的控制范围内，初步确定不同评价单元的采样点数；四是在评价单元中，根据图斑大小、种植制度、作物种类、产量水平等因素的不同，确定布点数量和点位，并在图上予以标注。点位尽可能选在第二次土壤普查时的典型剖面取样点或农化样品取样点上；五是不同评价单元的取样数量和点位确定后，按照土种、作物品种、产量水平等因素，分别统计其相应的取样数量。当某一因素点位数过少或过多时，再根据实际情况进行适当调整。

2. 果园样布点方法 按照《山西省果园土壤养分调查技术规程》要求，结合中阳县实际情况，在样点总数的控制范围内根据土壤类型、母质类型、地形部位、果树品种、树龄等因素确定相应的取样数量，每100亩布设一个采样点，共布设果园土壤样点50个。同时采集当地主导果品样品进行果品质量分析。

二、确定采样方法

（一）大田土样采集方法

1. 采样时间 在大田作物收获后、秋播作物施肥前进行。按叠加图上确定的调查点位去野外采集样品。通过向农民实地了解当地的农业生产情况，确定最具代表性的同一农户的同一块田采样，田块面积均在1亩以上，并用GPS定位仪确定地理坐标和海拔高程，记录经纬度，精确到0.1″。依此准确方位修正点位图上的点位位置。

2. 调查、取样 向已确定采样田块的户主，按农户地块调查表格的内容逐项进行调查并认真填写。调查严格遵循实事求是的原则，对那些说不清楚的农户，通过访问地力水平相当、位置基本一致的其他农户或对实物进行核对推算。采样主要采用"S"法，均匀随机采取15～20个采样点，充分混合后，四分法留取1千克组成一个土壤样品，并装入已准备好的土袋中。

3. 采样工具 主要采用不锈钢土钻，采样过程中努力保持土钻垂直，样点密度均匀，基本符合厚薄、宽窄、数量均匀的特征。

4. 采样深度 为0～20厘米耕作层土样。

5. 采样记录 填写两张标签，土袋内外各具1张，注明采样编号、采样地点、采样人、采样日期等。采样同时，填写大田采样点基本情况调查表和大田采样点农户调查表。

（二）果园土样采集方法

根据点位图所在位置到所在的村庄向农民实地了解当地果树品种、树龄等情况，确定具有代表性的同一农户的同一果园地进行采样。果园在果品采摘后的第一次施肥前采集。用GPS定位仪定位，依此修正图位上的点位位置。采样深为0～40厘米。采样同时，做好采样点调查记录。

三、确定调查内容

1. 根据《规范》要求，按照"测土配方施肥采样地块基本情况调查表"认真填写。这次调查的范围是基本农田保护区耕地和园地，包括蔬菜、果园和其他经济作物田。调查内容主要有4个方面：一是与耕地地力评价相关的耕地自然环境条件，农田基础设施建设水平和土壤理化性状，耕地土壤障碍因素和土壤退化原因等；二是与农产品品质相关的耕地土壤环境状况，如土壤的富营养化、养分不平衡与缺乏微量元素和土壤污染等；三是与农业结构调整密切相关的耕地土壤适宜性问题等；四是农户生产管理情况调查。

2. 以上资料的获得，一是利用第二次土壤普查和土地利用详查等现有资料，通过收集整理而来；二是采用以点带面的调查方法，经过实地调查访问农户获得的；三是对所采集样品进行相关分析化验后取得；四是将所有有限的资料、农户生产管理情况调查资料、分析数据录入到计算机中，并经过矢量化处理形成数字化图件、插值，使每个地块均具有各种资料信息，来获取相关资料信息。这些资料和信息，对分析耕地地力评价与耕地质量评价结果及影响因素具有重要意义。如通过分析农户投入和生产管理对耕地地力土壤环境的影响，分析农民现阶段投入成本与耕地质量直接的关系，有利于提高成果的现实性，引起各级领导的关注。通过对每个地块资源的充实完善，可以从微观角度，对土、肥、气、热、水资源运行情况有更周密的了解，提出管理措施和对策，指导农民进行资源合理利用和分配。通过对全部信息资料的了解和掌握，可以宏观调控资源配置，合理调整农业产业结构，科学指导农业生产。

四、确定分析项目和方法

根据《规程》及《山西省耕地地力调查及质量评价实施方案》和《规范》规定，土壤质量调查样品检测项目为：pH、有机质、全氮、有效磷、速效钾、缓效钾、有效硫、有效铜、有效锌、有效铁、有效锰、水溶性硼 12 个项目，其分析方法均按全国统一规定的测定方法进行。

五、确定技术路线

中阳县耕地地力调查与质量评价所采用的技术路线见图 2-1。

1. 确定评价单元　利用基本农田保护区区划图、土壤图和土地利用现状图叠加的图斑为基本评价单元。相似相近的评价单元至少采集一个土壤样品进行分析，在评价单元图上连接评价单元属性数据库，用计算机绘制各评价因子图。

2. 确定评价因子　根据全国、省级耕地地力评价指标体系并通过农科教专家论证来选择中阳县县域耕地地力评价因子。

3. 确定评价因子权重　用模糊数学德尔菲法和层次分析法将评价因子标准数据化，并计算出每一评价因子的权重。

4. 数据标准化　选用隶属函数法和专家经验法等数据标准化方法，对评价指标进行数据标准化处理，对定性指标要进行数值化描述。

5. 综合地力指数计算　用各因子的地力指数累加得到每个评价单元的综合地力指数。

6. 划分地力等级　根据综合地力指数分布的累积频率曲线法或等距法，确定分级方案，并划分地力等级。

7. 归入全国耕地地力等级体系　依据《全国耕地类型区、耕地地力等级划分》（NY/T 309—1996），归纳整理各级耕地地力要素主要指标，结合专家经验，将各级耕地地力归入全国耕地地力等级体系。

8. 划分中低产田类型　依据《全国中低产田类型划分与改良技术规范》（NY/T

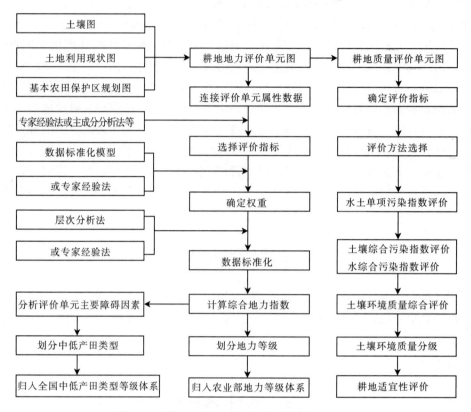

图 2-1　耕地地力调查与质量评价技术路线流程

310—1996），分析评价单元耕地土壤主要障碍因素，划分并确定中低产田类型。

9. 耕地质量评价　用综合污染指数法评价耕地土壤环境质量。

第三节　野外调查及质量控制

一、调查方法

野外调查的重点是对取样点的立地条件、土壤属性、农田基础设施条件、农户栽培管理成本、收益及污染等情况全面了解、掌握。

1. 室内确定采样位置　技术指导组根据要求，在 1∶10 000 评价单元图上确定各类型采样点的采样位置，并在图上标注。

2. 培训野外调查人员　抽调技术素质高、责任心强的农业技术人员，尽可能抽调第二次土壤普查人员，经过为期 3 天的专业培训和野外实习，组成 5 支野外调查队，共 20 余人参加野外调查。

3. 根据《规程》和《规范》要求，严格取样　各野外调查支队根据图标位置，在了解农户农业生产情况基础上，确定具有代表性田块和农户，用 GPS 定位仪进行定位，依据田块准确方位修正点位图上的点位位置。

4. 按照《规程》、省级实施方案要求规定和《规范》规定，填写调查表格，并将采集的样品统一编号，带回室内化验。

二、调查内容

(一)基本情况调查项目

1. 采样地点和地块　地址名称采用民政部门认可的正式名称。地块采用当地的通俗名称。

2. 经纬度及海拔高度　由 GPS 定位仪进行测定。

3. 地形地貌　以形态特征划分为五大地貌类型，即山地、丘陵、平原、高原及盆地。

4. 地形部位　指中小地貌单元。主要包括河漫滩、一级阶地、二级阶地、高阶地、坡地、梁地、垣地、峁地、山地、沟谷、洪积扇（上、中、下）、河槽地、冲积平原。

5. 地面坡度　一般分为＜2.0°、2.1°~5.0°、5.1°~8.0°、8.1°~15.0°、15.1°~25.0°、≥25.0°。

6. 侵蚀情况　按侵蚀种类和侵蚀程度记载，根据土壤侵蚀类型可划分为水蚀、风蚀、重力侵蚀、冻融侵蚀、混合侵蚀等，侵蚀程度通常分为无明显、轻度、中度、强度、极强度 5 级。

7. 潜水深度　指地下水深度，分为深位（3~5 米）、中位（2~3 米）、浅位（≤2 米）。

8. 家庭人口及耕地面积　指每个农户实有的人口数量和种植耕地面积（亩）。

(二)土壤性状调查项目

1. 土壤名称　统一按第二次土壤普查时的连续命名法填写，详细到土种。

2. 土壤质地　国际制；全部样品均需采用手摸测定；质地分为：沙土、沙壤、壤土、黏壤、黏土 5 级。室内选取 10% 的样品采用比重计法（粒度分布仪法）测定。

3. 质地构型　指不同土层之间质地构造变化情况。一般可分为通体壤、通体黏、通体沙、黏夹沙、底沙、壤夹黏、多砾、少砾、夹砾、底砾、少姜、多姜等。

4. 耕层厚度　用铁锹垂直铲下去，用钢卷尺按实际进行测量确定。

5. 障碍层次及深度　主要指沙土、黏土、砾石、料姜等所发生的层位、层次及深度。

6. 盐碱情况　按盐碱类型划分为苏打盐化、硫酸盐盐化、氯化物盐化、混合盐化等。按盐化程度分为重度、中度、轻度等，碱化也分为轻、中、重度等。

7. 土壤母质　按成因类型分为保德红土、残积物、河流冲积物、洪积物、黄土状冲积物、离石黄土、马兰黄土等类型。

(三)农田设施调查项目

1. 地面平整度　按大范围地面坡度分为平整（＜2°）、基本平整（2°~5°）、不平整（＞5°）。

2. 梯田化水平　分为地面平坦、园田化水平高，地面基本平坦、园田化水平较高，高水平梯田，缓坡梯田，新修梯田，坡耕地 6 种类型。

3. 田间输水方式　分为管道、防渗渠道、土渠等。

4. 灌溉方式　分为漫灌、畦灌、沟灌、滴灌、喷灌、管灌等。

5. 灌溉保证率　分为充分满足、基本满足、一般满足、无灌溉条件 4 种情况或按灌溉保证率（％）计。

6. 排涝能力　分为强、中、弱 3 级。

（四）生产性能与管理情况调查项目

1. 种植（轮作）制度　分为一年一熟、一年两熟等。

2. 作物（蔬菜）种类与产量　指调查地块上年度主要种植作物及其平均产量。

3. 耕翻方式及深度　指翻耕、旋耕、耙地、耱地、中耕等。

4. 秸秆还田情况　分为翻压还田、覆盖还田等。

5. 设施类型棚龄或种菜年限　分为薄膜覆盖、塑料拱棚、温室等，棚龄以正式投入算起。

6. 上年度灌溉情况　包括灌溉方式、灌溉次数、年灌水量、水源类型、灌溉费用等。

7. 年度施肥情况　包括有机肥、氮肥、磷肥、钾肥、复合（混）肥、微肥、叶面肥、微生物肥及其他肥料施用情况，有机肥要注明类型，化肥指纯养分。

8. 上年度生产成本　包括化肥、有机肥、农药、农膜、种子（种苗）、机械人工及其他。

9. 上年度农药使用情况　农药作用次数、品种、数量。

10. 产品销售及收入情况。

11. 作物品种及种子来源。

12. 蔬菜效益　指当年纯收益。

三、采样数量

在中阳县 198 072.33 亩耕地上，共采集大田土壤样品 3 400 个，果园土壤样品 50 个。

四、采样控制

野外调查采样是此次调查评价的关键。既要考虑采样代表性、均匀性，也要考虑采样的典型性。根据中阳县的区划划分特征，分别在东西山黄土丘陵区、南川河河谷区和土石山区及不同作物类型、不同地力水平的农田严格按照规程和规范要求均匀布点，并按图标布点实地核查后进行定点采样。在工矿周围农田质量调查方面，重点对使用工业水浇灌的农田以及大气污染较重的焦化厂、洗煤厂、煤矿、钢厂等附近农田进行采样；果园主要集中在黄土丘陵区，所以在果园集中区进行了重点采样。整个采样过程严肃认真，达到了《规程》要求，保证了调查采样质量。

第四节 样品分析及质量控制

一、分析项目及方法

（1）pH：土液比 1：2.5，采用电位法测定。

（2）有机质：采用油浴加热重铬酸钾氧化容量法测定。

（3）全磷：采用氢氧化钠熔融——钼锑抗比色法测定。

（4）有效磷：采用碳酸氢钠或氟化铵—盐酸浸提——钼锑抗比色法测定。

（5）全钾：采用氢氧化钠熔融——火焰光度计或原子吸收分光光度计法测定。

（6）速效钾：采用乙酸铵浸提——火焰光度计或原子吸收分光光度计法测定。

（7）全氮：采用凯氏蒸馏法测定。

（8）碱解氮：采用碱解扩散法测定。

（9）缓效钾：采用硝酸提取——火焰光度法测定。

（10）有效铜、锌、铁、锰：采用 DTPA 提取——原子吸收光谱法测定。

（11）有效钼：采用草酸—草酸铵浸提——极谱法草酸—草酸铵提取、极谱法测定。

（12）水溶性硼：采用沸水浸提——甲亚胺—H 比色法或姜黄素比色法测定。

（13）有效硫：采用磷酸盐—乙酸或氯化钙浸提——硫酸钡比浊法测定。

（14）有效硅：采用柠檬酸浸提——硅钼蓝色比色法测定。

（15）交换性钙和镁：采用乙酸铵提取——原子吸收光谱法测定。

（16）阳离子交换量：采用 EDTA—乙酸铵盐交换法测定。

二、分析测试质量控制

分析测试质量主要包括野外调查取样后样品风干、处理与实验室分析化验质量，其质量的控制是调查评价的关键。

（一）样品风干及处理

常规样品如大田样品、果园土壤样品，及时放置在干燥、通风、卫生、无污染的室内风干，风干后送化验室处理。

将风干后的样品平铺在制样板上，用木棍或塑料棍碾压，并将植物残体、石块等侵入体和新生体剔除干净。细小已断的植物须根，可采用静电吸附的方法清除。压碎的土样用 2 毫米孔径筛过筛，未通过的土粒重新碾压，直至全部样品通过 2 毫米孔径筛为止。通过 2 毫米孔径筛的土样可供 pH、盐分、交换性能及有效养分等项目的测定。

将通过 2 毫米孔径筛的土样用四分法取出一部分继续碾磨，使之全部通过 0.25 毫米孔径筛，供有机质、全氮、碳酸钙等项目的测定。

用于微量元素分析的土样，其处理方法同一般化学分析样品，但在采样、风干、研磨、过筛、运输、贮存等诸环节都要特别注意，不要接触容易造成样品污染的铁、铜等金属器具。采样、制样推荐使用不锈钢、木、竹或塑料工具，过筛使用尼龙网筛等。通过 2

毫米孔径尼龙筛的样品可用于测定土壤有效态微量元素。

将风干土样反复碾碎，用 2 毫米孔径筛过筛。留在筛上的碎石称量后保存，同时将过筛的土壤称重，计算石砾质量百分数。将通过 2 毫米孔径筛的土样混匀后盛于广口瓶内，用于颗粒分析及其他物理性质测定。若风干土样中有铁锰结核、石灰结核、铁子或半风化体，不能用木棍碾碎，应首先将其细心拣出称量保存，然后再进行碾碎。

（二）实验室质量控制

1. 在测试前采取的主要措施

（1）按《规程》要求制订了周密的采样方案，尽量减少采样误差（把采样作为分析检验的一部分）。

（2）正式开始分析前，对检验人员进行了为期 2 周的培训：对监测项目、监测方法、操作要点、注意事项一一进行培训，并进行了质量考核，为监验人员掌握了解项目分析技术、提高业务水平、减少误差等奠定了基础。

（3）收样登记制度：制定了收样登记制度，将收样时间、制样时间、处理方法与时间、分析时间一一登记，并在收样时确定样品统一编码、野外编码及标签等，从而确保了样品的真实性和整个过程的完整性。

（4）测试方法确认（尤其是同一项目有几种检测方法时）：根据实验室现有条件、要求规定及分析人员掌握情况等确立最终采取的分析方法。

（5）测试环境确认：为减少系统误差，对实验室温湿度、试剂、用水、器皿等一一检验，保证其符合测试条件。对有些相互干扰的项目分开实验室进行分析。

（6）检测用仪器设备及时进行计量检定，定期进行运行状况检查。

2. 在检测中采取的主要措施

（1）仪器使用实行登记制度，并及时对仪器设备进行检查维修和调整。

（2）严格执行项目分析标准或规程，确保测试结果准确性。

（3）坚持平行试验、必要的重显性试验，控制精密度，减少随机误差。

每个项目开始分析时每批样品均须做 100％平行样品，结果稳定后，平行次数减少50％，最少保证做 10％～15％平行样品。每个化验人员都自行编入明码样做平行测定，质控员还编入 10％密码样进行质量控制。

平行双样测定结果的误差在允许的范围之内为合格；平行双样测定全部不合格者，该批样品须重新测定；平行双样测定合格率小于 95％时，除对不合格的重新测定外，再增加 10％～20％的平行测定率，直到总合格率达 95％。

（4）坚持带质控样进行测定。

①与标准样对照：分析中，每批次带标准样品 10％～20％，以测定的精密度合格的前提下，标准样测定值在标准保证值（95％的置信水平）范围的为合格，否则本批结果无效，进行重新分析测定。

②加标回收法：对灌溉水样由于无标准物质或质控样品，采用加标回收试验来测定准确度。

加标率，在每批样品中，随机抽取 10％～20％试样进行加标回收测定。

加标量，被测组分的总量不得超出方法的测定上限。加标浓度宜高，体积应小，不应超过原定试样体积的 1%。

加标回收率在 90%～110% 范围内的为合格。

$$回收率（\%）=\frac{测得总量-样品含量}{标准加入量}\times100$$

根据回收率大小，也可判断是否存在系统误差。

（5）注重空白试验：全程空白值是指用某一方法测定某物质时，除样品中不含该物质外，整个分析过程中引起的信号值或相应浓度值。它包含了试剂、蒸馏水中杂质带来的干扰，从待测试样的测定值中扣除，可消除上述因素带来的系统误差。如果空白值过高，则要找出原因，采取其他措施（如提纯试剂、更新试剂、更换容器等）加以消除。保证每批次样品做 2 个以上空白样，并在整个项目开始前按要求做全程序空白测定，每次做 2 个平行空白样，连测 5 天共得 10 个测定结果，计算批内标准偏差 S_{wb}：

$$S_{wb}=\left[\sum(X_i-X_平)^2/m(n-1)\right]^{1/2}$$

式中：n——每天测定平均样个数；

m——测定天数。

（6）做好校准曲线：比色分析中标准系列保证设置 6 个以上浓度点。根据浓度和吸光值按一元线性回归方程 $Y=a+bX$ 计算其相关系数。

式中：Y——吸光度；

X——待测液浓度；

a——截距；

b——斜率。

要求标准曲线相关系数 r≥0.999。

校准曲线控制：①每批样品皆需做校准曲线；②标准曲线力求 r≥0.999，且有良好重现性；③大批量分析时每测 10～20 个样品要用一标准液校验，检查仪器状况；④待测液浓度超标时不能任意外推。

（7）用标准物质校核实验室的标准滴定溶液：标准物质的作用是校准。对测量过程中使用的基准纯、优级纯的试剂进行校验。校准合格才准用，确保量值准确。

（8）详细、如实记录测试过程，使检测条件可再现、检测数据可追溯。对测量过程中出现的异常情况也及时记录，及时查找原因。

（9）认真填写测试原始记录，测试记录做到：如实、准确、完整、清晰。记录的填写、更改均制定了相应制度和程序。当测试由一人读数一人记录时，记录人员复读多次所记的数字，减少误差发生。

3. 检测后主要采取的技术措施

（1）加强原始记录校核、审核，实行"三审三校"制度，对发现的问题及时研究、解决，或召开质量分析会，达成共识。

（2）运用质量控制图预防质量事故发生：对运用均值—极差控制图的判断，参照《质量专业理论与实名》中的判断准则。对控制样品进行多次重复测定，由所得结果计算出控制样的平均值 X 及标准差 S（或极差 R），就可绘制均值—标准差控制图（或均值—极差控制图），纵坐标为测定值，横坐标为获得数据的顺序。将均值 X 作成与横坐标平行的中心级 CL，$X\pm3S$ 为上下警戒限 UCL 及 LCL，$X\pm2S$ 为上下警戒限 UWL 及 LWL，在进行试样列行分析时，每批带入控制样，根据差异判异准则进行判断。如果在控制限之外，该批结果为全部错误结果，则必须查出原因，采取措施，加以消除，除"回控"后再重复测定，并控制不再出现，如果控制样的结果落在控制限和警戒限之间，说明精密度已不理想，应引起注意。

（3）控制检出限：检出限是指对某一特定的分析方法在给定的置信水平内，可以从样品中检测的待测物质的最小浓度或最小量。根据空白测定的批内标准偏差（S_{wb}）按下列公式计算检出限（95％的置信水平）。

①若试样一次测定值与零浓度试样一次测定值有显著性差异时，检出限（L）按下列公式计算：

$$L=2\times2^{1/2}t_fS_{wb}$$

式中：L——方法检出限；

t_f——显著水平为 0.05（单侧）、自由度为 f 的 t 值；

S_{wb}——批内空白值标准偏差；

f——批内自由度，$f=m(n-1)$，m 为重复测定次数，n 为平行测定次数。

②原子吸收分析方法中检出限计算：$L=3S_{wb}$。

③分光光度法以扣除空白值后的吸光值为 0.010 相对应的浓度值为检出限。

（4）及时对异常情况处理：

①异常值的取舍。对检测数据中的异常值，按 GB 4883 标准规定采用 Grubbs 法或 Dixon 法加以判断处理。

②因外界干扰（如停电、停水），检测人员应终止检测，待排除干扰后重新检测，并记录干扰情况。当仪器出现故障时，故障排除后校准合格的，方可重新检测。

（5）使用计算机采集、处理、运算、记录、报告、存储检测数据时，应制定相应的控制程序。

（6）检验报告的编制、审核、签发：检验报告是实验工作的最终结果，是实验室的产品。因此，对检验报告质量要高度重视。检验报告应做到完整、准确、清晰、结论正确。必须坚持三级审核制度，明确制表、审核、签发的职责。

除此之外，为保证分析化验质量，提高实验室之间分析结果的可比性，山西省土壤肥料工作站抽查 5％～10％样品在省测试中心进行复核，并编制密码样，对实验室进行质量监督和控制。

4. 技术交流　在分析过程中，发现问题及时交流，改进方法，不断提高技术水平。

5. 数据录入　分析数据按规程和方案要求审核后编码整理，和采样点一一对照，确认无误后进行录入。采取双人录入相互对照的方法，保证录入正确率。

第五节　评价依据、方法及评价标准体系的建立

一、评价原则依据

由山西省土壤肥料工作站领导，协同山西农业大学资源环境学院相关专家，中阳县确

定了三大因素 9 个因子为耕地地力评价指标。

1. 立地条件　指耕地土壤的自然环境条件，它包含与耕地与质量直接相关的地貌类型及地形部位、成土母质、地面坡度等，分别叙述如下：

（1）地形部位：包括沟谷地、河流阶地、低山丘陵坡地，黄土垣梁、冲积扇、洪积扇前缘等，进入地力评价系统。

（2）成土母质：主要有马兰黄土、离石黄土、洪积物、坡积物、冲积物，物理黏粒含量 35%～45%，进入地力评价系统。

（3）地面坡度：指耕地地面坡度，一般为 0°～20°。

2. 土壤属性

（1）耕层厚度：按其厚度深浅从高到低依次分为 6 级（>30 厘米、26～30 厘米、21～25 厘米、16～20 厘米、11～15 厘米、≤10 厘米）进入地力评价系统。

（2）耕层质地：影响水肥保持及耕作性能。按卡庆斯基制的 6 级划分体系来描述，分别为沙土、沙壤、轻壤、中壤、重壤、黏土。

指土壤剖面中不同土层间质地构造变化情况，直接反映土壤发育及障碍层次，影响根系发育、水肥保持及有效供给，主要为耕层厚度。

3. 较稳定的理化性状（有机质和 pH）

（1）有机质：土壤肥力的重要指标，直接影响耕地地力水平。按其含量从高到低依次分为 6 级（>25.00 克/千克、20.01～25.00 克/千克、15.01～20.00 克/千克、10.01～15.00 克/千克、5.01～10.00 克/千克、≤5.00 克/千克）进入地力评价系统。

（2）pH：过大或过小，作物生长发育受抑。按照耕地土壤的 pH 范围，按其测定值由低到高依次分为 6 级（6.0～7.0、7.0～7.9、7.9～8.5、8.5～9.0、9.0～9.5、≥9.5）进入地力评价系统。

4. 易变化的化学性状（有效磷、速效钾）

（1）有效磷：按其含量从高到低依次分为 6 级（>25.00 毫克/千克、20.1～25.00 毫克/千克、15.1～20.00 毫克/千克、10.1～15.00 毫克/千克、5.1～10.00 毫克/千克、≤5.00 毫克/千克）进入地力评价系统。

（2）速效钾：按其含量从高到低依次分为 6 级（>200 毫克/千克、151～200 毫克/千克、101～150 毫克/千克、81～100 毫克/千克、51～80 毫克/千克、≤50 毫克/千克）进入地力评价系统。

二、评价方法及流程

1. 技术方法

（1）文字评述法：对一些概念性的评价因子（如地形部位、土壤母质、质地构型、质地、梯田化水平、盐渍化程度等）进行定性描述。

（2）专家经验法（德尔菲法）：在全省农科教系统邀请土肥界具有一定学术水平和农业生产实践经验的 25 名专家，参与评价因素的筛选和隶属度确定（包括概念型和数值型评价因子的评分），见表 2-1。

表 2-1　中阳县耕地地力评价数字型因子评分

因　子	平均值	众数值	建议值
立地条件（C_1）	1.6	1（25）	1
土体构型（C_2）	3.7	3（15）5（10）	3
较稳定的理化性状（C_3）	4.47	3（10）5（15）	4
易变化的化学性状（C_4）	4.2	5（13）3（12）	5
农田基础建设（C_5）	1.47	1（25）	1
地形部位（A_1）	1.8	1（25）	1
成土母质（A_2）	3.9	3（13）5（12）	5
地面坡度（A_3）	3.1	3（14）5（11）	3
有效土层厚度（A_4）	2.8	1（14）3（11）	1
耕层厚度（A_5）	2.7	3（17）1（8）	3
剖面构型（A_6）	2.8	1（12）3（13）	1
耕层质地（A_7）	2.9	1（13）5（12）	1
容重（A_8）	5.3	7（12）5（13）	6
有机质（A_9）	2.7	1（14）3（11）	3
盐渍化程度（A_{10}）	3.0	1（13）3（12）	1
pH（A_{11}）	4.5	3（15）7（10）	5
有效磷（A_{12}）	1.0	1（25）	1
速效钾（A_{13}）	2.7	3（15）1（10）	3
灌溉保证率（A_{14}）	1.2	1（25）	1
园（梯）田化水平（A_{15}）	4.5	5（15）7（10）	5

（3）模糊综合评判法：应用这种数理统计的方法对数值型评价因子（如地面坡度、有效土层厚度、耕层厚度、土壤容重、有机质、有效磷、速效钾、酸碱度、灌溉保证率等）进行定量描述，即利用专家给出的评分（隶属度）建立某一评价因子的隶属函数，见表2-2。

表 2-2　中阳县耕地地力评价数字型因子分级及其隶属度

评价因子	量纲	1级	2级	3级	4级	5级	6级
		量　值	量　值	量　值	量　值	量　值	量　值
地面坡度	°	＜2.0	2.0～5.0	5.1～8.0	8.1～15.0	15.1～25.0	≥25
有效土层厚度	厘米	＞150	101～150	76～100	51～75	26～50	≤25
有机质	克/千克	＞25.0	20.01～25.00	15.01～20.00	10.01～15.00	5.01～10.00	≤5.00
pH		6.7～7.0	7.1～7.9	8.0～8.5	8.6～9.0	9.1～9.5	≥9.5
有效磷	毫克/千克	＞25.0	20.1～25.0	15.1～20.0	10.1～15.0	5.1～10.0	≤5.0
速效钾	毫克/千克	＞200	151～200	101～150	81～100	51～80	≤50

（4）层次分析法：用于计算各参评因子的组合权重。本次评价，把耕地生产性能（即

耕地地力）作为目标层（G 层），把影响耕地生产性能的立地条件、土体构型、较稳定的理化性状、易变化的化学性状、农田基础设施条件作为准则层（C 层），再把影响准则层中的各因素的项目作为指标层（A 层），建立耕地地力评价层次结构图。在此基础上，由 34 名专家分别对不同层次内各参评因素的重要性作出判断，构造出不同层次间的判断矩阵。最后计算出各评价因子的组合权重。

（5）指数和法：采用加权法计算耕地地力综合指数，即将各评价因子的组合权重与相应的因素等级分值（即由专家经验法或模糊综合评判法求得的隶属度）相乘后累加，如：

$$IFI = \sum B_i \times A_i (i = 1, 2, 3, \cdots, 15)$$

式中：IFI——耕地地力综合指数；

B_i——第 i 个评价因子的等级分值；

A_i——第 i 个评价因子的组合权重。

2. 技术流程

（1）应用叠加法确定评价单元：把基本农田保护区规划图与土地利用现状图、土壤图叠加形成的图斑作为评价单元。

（2）空间数据与属性数据的连接：用评价单元图分别与各个专题图叠加，为每一评价单元获取相应的属性数据。根据调查结果，提取属性数据进行补充。

（3）确定评价指标：根据全国耕地地力调查评价指数表，由山西省土壤肥料工作站组织 34 名专家，采用德尔菲法和模糊综合评判法确定中阳县耕地地力评价因子及其隶属度。

（4）应用层次分析法确定各评价因子的组合权重。

（5）数据标准化：计算各评价因子的隶属函数，对各评价因子的隶属度数值进行标准化。

（6）应用累加法计算每个评价单元的耕地地力综合指数。

（7）划分地力等级：分析综合地力指数分布，确定耕地地力综合指数的分级方案，划分地力等级。

（8）归入农业部地力等级体系：选择 10% 的评价单元，调查近 3 年粮食单产（或用基础地理信息系统中已有资料），与以粮食作物产量为引导确定的耕地基础地力等级进行相关分析，找出两者之间的对应关系，将评价的地力等级归入农业部确定的等级体系（NY/T 309—1996 全国耕地类型区、耕地地力等级划分）。

（9）采用 GIS、GPS 系统编绘各种养分图和地力等级图等图件。

三、耕地地力评价标准体系建立

1. 耕地地力要素的隶属度

（1）概念性评价因子：各评价因子的隶属度及其描述见表 2-3。

（2）数值型评价因子：各评价因子的隶属函数（经验公式）见表 2-4。

2. 耕地地力要素的组合权重 应用层次分析法所计算的各评价因子的组合权重见表 2-5。

3. 耕地地力分级标准 中阳县耕地地力分级标准见表 2-6。

表 2-3 中阳县耕地地力评价概念性因子隶属度及其描述

地形部位

	河漫滩	一级阶地	二级阶地	高阶地	垣地	洪积扇（上、中、下）			倾斜平原	梁地	峁地	坡（薤）	沟（谷）
描述	河漫滩	一级阶地	二级阶地	高阶地	垣地	洪积扇			倾斜平原	梁地	峁地	坡薤	沟谷
隶属度	0.7	1.0	0.9	0.7	0.4	0.4	0.6	0.8	0.8	0.2	0.2	0.1	0.6

母质类型

	洪积物	河流冲积物	黄土状冲积物	残积物	马兰黄土	保德红土	离石黄土
描述	洪积物	河流冲积物	黄土状冲积物	残积物	马兰黄土	保德红土	离石黄土
隶属度	0.7	0.9	1.0	0.2	0.5	0.3	0.6

质地构型

	通体壤	黏夹沙	底沙	壤夹黏	沙夹黏	通体黏	夹黏	少砾	多砾	浅钙积	通体沙	夹白干	底白干
描述	通体壤	黏夹沙	底沙	壤夹黏	沙夹黏	通体黏	夹黏	少砾	多砾	浅钙积	通体沙	夹白干	底白干
隶属度	1.0	0.6	0.7	1.0	0.3	0.6	0.4	0.8	0.2	0.4	0.3	0.4	0.7

耕层质地

	沙土	沙壤	壤	轻壤	中壤	重壤	黏土
描述	沙土	沙壤	壤	轻壤	中壤	重壤	黏土
隶属度	0.2	0.6	1.0	0.8	1.0	0.8	0.4

梯（园）田化水平

	地面平坦园田化水平高	地面基本平坦园田化水平较高	高水平梯田	缓坡梯田熟化程度5年以上	新修梯田	坡耕地
描述	地面平坦园田化水平高	地面基本平坦园田化水平较高	高水平梯田	缓坡梯田熟化程度5年以上	新修梯田	坡耕地
隶属度	1.0	0.8	0.6	0.4	0.2	0.1

盐渍化程度

描述		无	轻	中	重
全盐量	苏打为主、	<0.1%	0.1%～0.3%	0.3%～0.5%	≥0.5%
	氯化物为主、	<0.2%	0.2%～0.4%	0.4%～0.6%	≥0.6%
	硫酸盐为主	<0.3%	0.3%～0.5%	0.5%～0.7%	≥0.7%
隶属度		1.0	0.7	0.4	0.1

灌溉保证率

	充分满足	基本满足	一般满足	无灌溉条件
描述	充分满足	基本满足	一般满足	无灌溉条件
隶属度	1.0	0.7	0.4	0.1

表2-4 中阳县耕地地力评价数值型因子隶属函数

函数类型	评价因子	经验公式	C	U_t
戒下型	地面坡度（°）	$y=1/[1+6.492\times10^{-3}\times(u-c)^2]$	3.0	≥25.0
戒上型	耕层厚度（厘米）	$y=1/[1+4.057\times10^{-3}\times(u-c)^2]$	33.8	≤10.0
戒上型	有机质（克/千克）	$y=1/[1+2.912\times10^{-3}\times(u-c)^2]$	28.4	≤5.0
戒下型	pH	$y=1/[1+0.5156\times(u-c)^2]$	7.0	≥9.5
戒上型	有效磷（毫克/千克）	$y=1/[1+3.035\times10^{-3}\times(u-c)^2]$	28.8	≤5.0
戒上型	速效钾（毫克/千克）	$y=1/[1+5.389\times10^{-5}\times(u-c)^2]$	228.76	≤50.0

表2-5 中阳县耕地地力评价因子层次分析结果

指标层	准则层					组合数重
	C_1 0.359 2	C_2 0.119 8	C_3 0.089 9	C_4 0.071 9	C_5 0.359 2	$\sum C_iA_i$
A_1 地形部位	0.652 2	—	—	—	—	0.234 3
A_2 成土母质	0.130 4	—	—	—	—	0.046 8
A_3 地面坡度	0.217 4	0.128 6	—	—	—	0.078 1
A_4 有效土层厚度	—	0.142 8	—	—	—	0.051 3
A_5 耕层厚度	—	0.428 6	—	—	—	0.017 1
A_6 质地构型	—	—	0.370 4	—	—	0.051 3
A_7 耕层厚度	—	—	0.061 7	—	—	0.033 3
A_8 土壤容重	—	—	0.123 5	—	—	0.005 5
A_9 有机质	—	—	0.370 4	—	—	0.011 1
A_{10} 盐渍化程度	—	—	0.074 0	—	—	0.033 3
A_{11} pH	—	—	—	0.750 0	—	0.006 8
A_{12} 有效磷	—	—	—	—	—	0.053 9
A_{13} 速效钾	—	—	—	0.250 0	—	0.018 0
A_{14} 灌溉保证率	—	—	—	—	0.833 3	0.299 3
A_{15} 梯田化水率	—	—	—	—	0.166 7	0.059 9

表2-6 中阳县耕地地力等级标准

等 级	生产能力综合指数	耕地面积（亩）	占总耕地面积（%）
一	0.79～0.89	19 436.28	9.81
二	0.73～0.79	69 789.61	35.23
三	0.66～0.72	90 806.69	45.85
四	0.48～0.66	18 039.75	9.11

第六节 耕地资源管理信息系统建立

一、耕地资源管理信息系统的总体设计

耕地资源信息系统以一个县行政区域内耕地资源为管理对象，应用GIS技术对辖区内的地形、地貌、土壤、土地利用、农田水利、土壤污染、农业生产基本情况、基本农田保护区等资料进行统一管理，构建耕地资源基础信息系统，并将此数据平台与各类管理模型结合，对辖区内的耕地资源进行系统的动态管理，为农业决策者、农民和农业技术人员提供耕地质量动态变化、土壤适宜性、施肥咨询、作物营养诊断等多方位的信息服务。

本系统行政单元为村，农田单元为基本农田保护块，土壤单元为土种，系统基本管理单元为土壤、基本农田保护块、土地利用现状叠加所形成的评价单元。

1. 系统结构 见图2-2。

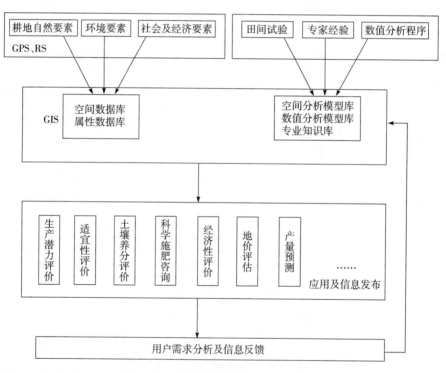

图2-2 耕地资源管理信息系统结构

2. 县域耕地资源管理信息系统建立工作流程 见图2-3。

3. CLRMIS、硬件配置

（1）硬件：P3/P4及其兼容机，≥2G的内存，≥20的硬盘，≥32M的显存，A4扫描仪，彩色喷墨打印机。

（2）软件：Windows 98/2000/XP，Excel 97/2000/XP等。

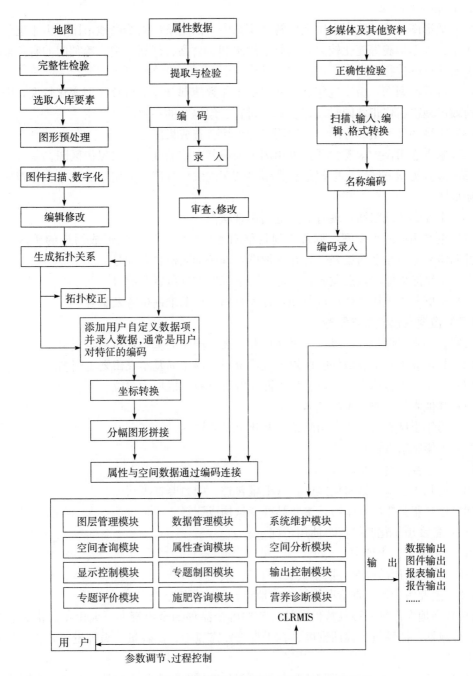

图 2-3 县域耕地资源管理信息系统建立工作流程

二、资料收集与整理

（一）图件资料收集与整理

图件资料指印刷的各类地图、专题图以及商品数字化矢量和栅格图。图件比例尺为

1：50 000和1：10 000。

(1) 地形图：统一采用中国人民解放军总参谋部测绘局测绘的地形图。由于近年来公路、水系、地形地貌等变化较大，因此采用水利、公路、规划、国土等部门的有关最新图件资料对地形图进行修正。

(2) 行政区划图：由于近年撤乡并镇等工作致使部分地区行政区划变化较大，因此按最新行政区划进行修正，同时注意名称、拼音、编码等的一致。

(3) 土壤图及土壤养分图：采用第二次土壤普查成果图。

(4) 基本农田保护区现状图：采用国土局最新划定的基本农田保护区图。

(5) 地貌类型分区图：根据地貌类型将辖区内农田分区，采用第二次土壤普查分类系统绘制成图。

(6) 土地利用现状图：现有的土地利用现状图。

(7) 主要污染源点位图：调查本地可能对水体、大气、土壤形成污染的矿区、工厂等，并确定污染类型及污染强度，在地形图上准确标明位置及编号。

(8) 土壤肥力监测点点位图：在地形图上标明准确位置及编号。

(9) 土壤普查土壤采样点点位图：在地形图上标明准确位置及编号。

(二) 数据资料收集与整理

(1) 基本农田保护区一级、二级地块登记表，国土局基本农田划定资料。

(2) 其他有关基本农田保护区划定统计资料，国土局基本农田划定资料。

(3) 近几年粮食单产、总产、种植面积统计资料（以村为单位）。

(4) 其他农村及农业生产基本情况资料。

(5) 历年土壤肥力监测点田间记载及化验结果资料。

(6) 历年肥情点资料。

(7) 县、乡、村名编码表。

(8) 近几年土壤、植株化验资料（土壤普查、肥力普查等）。

(9) 近几年主要粮食作物、主要品种产量构成资料。

(10) 各乡历年化肥销售、使用情况。

(11) 土壤志、土种志。

(12) 特色农产品分布、数量资料。

(13) 主要污染源调查情况统计表（地点、污染类型、方式、强度等）。

(14) 当地农作物品种及特性资料，包括各个品种的全生育期、大田生产潜力、最佳播期、移栽期、播种量、栽插密度、百千克籽粒需氮量、需磷量、需钾量等，以及品种特性介绍。

(15) 一元、二元、三元肥料肥效试验资料，计算不同地区、不同土壤、不同作物品种的肥料效应函数。

(16) 不同土壤、不同作物基础地力产量占常规产量比例资料。

(三) 文本资料收集与整理

(1) 全县及各乡（镇）基本情况描述。

(2) 各土种性状描述，包括其发生、发育、分布、生产性能、障碍因素等。

（四）多媒体资料收集与整理

（1）土壤典型剖面照片。

（2）土壤肥力监测点景观照片。

（3）当地典型景观照片。

（4）特色农产品介绍（文字、图片）。

（5）地方介绍资料（图片、录像、文字、音乐）。

三、属性数据库建立

（一）属性数据内容

CLRMIS 主要属性资料及其来源见表 2-7。

表 2-7　CLRMIS 主要属性资料及其来源

编号	名　　称	来　　源
1	湖泊、面状河流属性表	水利局
2	堤坝、渠道、线状河流属性数据	水利局
3	交通道路属性数据	交通局
4	行政界线属性数据	农业局
5	耕地及蔬菜地灌溉水、回水分析结果数据	农业局
6	土地利用现状属性数据	国土局、卫星图片解译
7	土壤、植株样品分析化验结果数据表	本次调查资料
8	土壤名称编码表	土壤普查资料
9	土种属性数据表	土壤普查资料
10	基本农田保护块属性数据表	国土局
11	基本农田保护区基本情况数据表	国土局
12	地貌、气候属性表	土壤普查资料
13	县乡村名编码表	统计局

（二）属性数据分类与编码

数据的分类编码是对数据资料进行有效管理的重要依据。编码的主要目的是节省计算机内存空间，便于用户理解使用。地理属性进入数据库之前进行编码是必要的，只有进行了正确的编码，空间数据库与属性数据库才能实现正确连接。编码格式有英文字母与数学组合。本系统主要采用数字表示的层次型分类编码体系，它能反映专题要素分类体系的基本特征。

（三）建立编码字典

数据字典是数据库应用设计的重要内容，是描述数据库中各类数据及其组合的数据集合，也称元数据。地理数据库的数据字典主要用于描述属性数据，它本身是一个特殊用途的文件，在数据库整个生命周期里都起着重要的作用。它避免重复数据项的出现，并提供了查询数据的唯一入口。

（四）数据库结构设计

属性数据库的建立与录入可独立于空间数据库和 GIS 系统，可以在 Access、dBase、Foxbase 和 Foxpro 下建立，最终统一以 dBase 的 dbf 格式保存入库。下面以 dBase 的 dbf 数据库为例进行描述。

1. 湖泊、面状河流属性数据库 lake. dbf

字段名	属　性	数据类型	宽　度	小数位	量　纲
lacode	水系代码	N	4	0	代　码
laname	水系名称	C	20		
lacontent	湖泊贮水量	N	8	0	万立方米
laflux	河流流量	N	6		立方米/秒

2. 堤坝、渠道、线状河流属性数据 stream. dbf

字段名	属　性	数据类型	宽　度	小数位	量　纲
ricode	水系代码	N	4	0	代　码
riname	水系名称	C	20		
riflux	河流、渠道流量	N	6		立方米/秒

3. 交通道路属性数据库 traffic. dbf

字段名	属　性	数据类型	宽　度	小数位	量　纲
rocode	道路编码	N	4	0	代　码
roname	道路名称	C	20		
rograde	道路等级	C	1		
rotype	道路类型	C	1		（黑色/水泥/石子/土）

4. 行政界线（省、市、县、乡、村）**属性数据库 boundary. dbf**

字段名	属　性	数据类型	宽　度	小数位	量　纲
adcode	界线编码	N	1	0	代　码
adname	界线名称	C	4		

adcode	name
1	国界
2	省界
3	市界
4	县界
5	乡界
6	村界

5. 土地利用现状属性数据库* landuse. dbf

字段名	属　性	数据类型	宽　度	小数位	量　纲
lucode	利用方式编码	N	2	0	代　码
luname	利用方式名称	C	10		

* 土地利用现状分类表。

6. 土种属性数据表 soil. dbf

字段名	属　性	数据类型	宽　度	小数位	量　纲
sgcode	土种代码	N	4	0	代　码
stname	土类名称	C	10		
ssname	亚类名称	C	20		
skname	土属名称	C	20		
sgname	土种名称	C	20		
pamaterial	成土母质	C	50		
profile	剖面构型	C	50		

土种典型剖面有关属性数据：

字段名	属　性	数据类型	宽　度	小数位	量　纲
text	剖面照片文件名	C	40		
picture	图片文件名	C	50		
html	HTML 文件名	C	50		
video	录像文件名	C	40		

＊土壤系统分类表。

7. 土壤养分（pH、有机质、氮等）**属性数据库 nutr＊＊＊＊. dbf**

本部分由一系列的数据库组成，视实际情况不同有所差异，如在盐碱土地区还包括盐分含量及离子组成等。

（1）pH 库 nutrpH. dbf：

字段名	属　性	数据类型	宽　度	小数位	量　纲
code	分级编码	N	4	0	代　码
number	pH	N	4	1	

（2）有机质库 nutrom. dbf：

字段名	属　性	数据类型	宽　度	小数位	量　纲
code	分级编码	N	4	0	代　码
number	有机质含量	N	5	2	百分含量

（3）全氮量库 nutrN. dbf：

字段名	属　性	数据类型	宽　度	小数位	量　纲
code	分级编码	N	4	0	代　码
number	全氮含量	N	5	3	百分含量

（4）速效养分库 nutrP. dbf：

字段名	属　性	数据类型	宽　度	小数位	量　纲
code	分级编码	N	4	0	代　码
number	速效养分含量	N	5	3	毫克/千克

8. 基本农田保护块属性数据库 farmland. dbf

字段名	属　性	数据类型	宽　度	小数位	量　纲
plcode	保护块编码	N	7	0	代　码
plarea	保护块面积	N	4	0	亩

cuarea	其中耕地面积	N	6		
eastto	东　至	C	20		
westto	西　至	C	20		
sorthto	南　至	C	20		
northto	北　至	C	20		
plperson	保护责任人	C	6		
plgrad	保护级别	N	1		

9. 地貌*、气候属性 landform. dbf

字段名	属　性	数据类型	宽　度	小数位	量　纲
landcode	地貌类型编码	N	2	0	代　码
landname	地貌类型名称	C	10		
rain	降水量	C	6		

* 地貌类型编码表。

10. 基本农田保护区基本情况数据表（略）

11. 县、乡、村名编码表

字段名	属　性	数据类型	宽　度	小数位	量　纲
vicodec	单位编码—县内	N	5	0	代　码
vicoden	单位编码—统一	N	11		
viname	单位名称	C	20		
vinamee	名称拼音	C	30		

（五）数据录入与审核

数据录入前仔细审核，数值型资料注意量纲、上下限，地名应注意汉字多音字、繁简体、简全称等问题，审核定稿后再录入。录入后仔细检查，保证数据录入无误后，将数据库转为规定的格式（dBase 的 dbf 文件格式文件），再根据数据字典中的文件名编码命名后保存在规定的子目录下。

文字资料以 TXT 格式命名保存，声音、音乐以 WAV 或 MID 文件保存，超文本以 HTML 格式保存，图片以 BMP 或 JPG 格式保存，视频以 AVI 或 MPG 格式保存，动画以 GIF 格式保存。这些文件分别保存在相应的子目录下，其相对路径和文件名录入相应的属性数据库中。

四、空间数据库建立

（一）数据采集的工艺流程

在耕地资源数据库建设中，数据采集的精度直接关系到现状数据库本身的精度和今后的应用，数据采集的工艺流程是关系到耕地资源信息管理系统数据库质量的重要基础工作。因此，对数据的采集制定了一个详尽的工艺流程。首先对收集的资料进行分类检查、整理与预处理；其次，按照图件资料介质的类型进行扫描，并对扫描图件进行扫描校正；再次，进行数据的分层矢量化采集、矢量化数据的检查；最后，对矢量化数据进行坐标投影转换与数据拼接工作以及数据、图形的综合检查和数据的分层与格式转换。

具体数据采集的工艺流程见图 2-4。

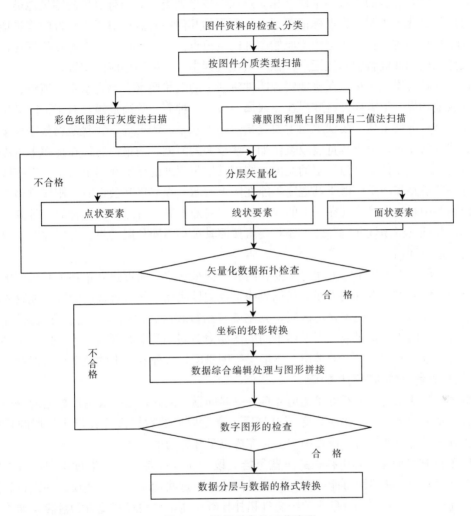

图 2-4　数据采集的工艺流程

（二）图件数字化

1. 图件的扫描　由于所收集的图件资料为纸介质的图件资料，所以采用灰度法进行扫描。扫描的精度为 300dpi。扫描完成后将文件保存为 ＊.TIF 格式。在扫描过程中，为了能够保证扫描图件的清晰度和精度，对图件先进行预见扫描。在预见扫描过程中，检查扫描图件的清晰度，其清晰度必须能够区分图内的各要素，然后利用 Lontex Fss8300 扫描仪自带的 CAD image/scan 扫描软件进行角度校正，角度校正后必须保证图幅下方两个内图廓点的连线与水平线的角度误差小于 0.2°。

2. 数据采集与分层矢量化　对图形的数字化采用交互式矢量化方法，确保图形矢量化的精度。在耕地资源信息系统数据库建设中需要采集的要素有：点状要素、线状要素和面状要素。由于所采集的数据种类较多，所以必须对所采集的数据按不同类型进行分层采集。

（1）点状要素的采集：可以分为两种类型，一种是零星地类；另一种是注记点。零星地类包括一些有点位的点状零星地类和无点位的零星地类。对于有点位的零星地类，在数据的分层矢量化采集时，将点标记置于点状要素的几何中心点；对于无点位的零星地类在分层矢量化采集时，将点标记置于原始图件的定位点。农化点位、污染源点位等注记点的采集按照原始图件资料中的注记点，在矢量化过程中一一标注相应的位置。

（2）线状要素的采集：在耕地资源图件资料上的线状要素主要有水系、道路、带有宽度的线状地物界、地类界、行政界线、权属界线、土种界、等高线等，对于不同类型的线状要素，进行分层采集。线状地物主要是指道路、水系、沟渠等，线状地物数据采集时考虑到有些线状地物，由于其宽度较宽，如一些较大的河流、沟渠，它们在地图上可以按照图件资料的宽度比例表示为一定的宽度，则按其实际宽度的比例在图上表示；有些线状地物，如一些道路和水系，由于其宽度不能在图上表示，在采集其数据时，则按栅格图上的线状地物的中轴线来确定其在图上的实际位置。对地类界、行政界、土种界和等高线数据的采集，保证其封闭性和连续性。线状要素按照其种类不同分层采集、分层保存，以备数据分析时进行利用。

（3）面状要素的采集：面状要素要在线状要素采集后，通过建立拓扑关系形成区后进行，由于面状要素是由行政界线、权属界线、地类界线和一些带有宽度的线状地物界等结状要素所形成的一系列的闭合性区域，其主要包括行政区、权属区、土壤类型区等图斑。所以，对于不同的面状要素，因采用不同的图层对其进行数据的采集。考虑到实际情况，将面状要素分为行政区层、地类层、土壤层等图斑层。将分层采集的数据分层保存。

（三）矢量化数据的拓扑检查

由于在矢量化过程中不可避免地要存在一些问题，因此，在完成图形数据的分层矢量化以后，要进行下一步工作时，必须对分层矢量化以后的数据进行矢量化数据的拓扑检查。在对矢量化数据的拓扑检查中主要是完成以下几方面的工作：

1. 消除在矢量化过程中存在的一些悬挂线段　在线状要素的采集过程中，为了保证线段完全闭合，某些线段可能出现相互交叉的情况，这些均属于悬挂线段。在进行悬挂线段的检查时，首先使用 MapGIS 的线文件拓扑检查功能，自动对其检查和清除，如果其不能自动清除的，则对照原始图件资料进行手工修正。对线状要素进行矢量化数据检查完成以后，随即由作图员对所矢量化的数据与原始图件资料相对比进行检查，如果在对检查过程中发现有一些通过拓扑检查所不能解决的问题，矢量化数据的精度不符合精度要求的，或者是某些线状要素存在一定的位移而难以校正的，则对其中的线状要素进行重新矢量化。

2. 检查图斑和行政区等面状要素的闭合性　图斑和行政区是反映一个地区耕地资源状况的重要属性，在对图件资料中的面状要素进行数据的分层矢量化采集中，由于图件资料中所涉及的图斑较多，在数据的矢量化采集过程中，有可能存在着一些图斑或行政界的不闭合情况，可以利用 MapGIS 的区文件拓扑检查功能，对在面状要素分层矢量化采集过程中所保存的一系列区文件进行适量化数据的拓扑检查。在拓扑检查过程中可以消除大多数区文件的不闭合情况。对于不能自动消除的，通过与原始图件资料的相互检查，消除其不闭合情况。如果通过对适量化以后的区文件的拓扑检查，可以消除在矢量化过程中所出现的上述问题，则进行下一步工作，如果在拓扑检查以后还存在一些问题，则对其进行重新矢量化，以确保系统建设的精度。

（四）坐标的投影转换与图件拼接

1. 坐标转换 在进行图件的分层矢量化采集过程中，所建立的图面坐标系（单位为毫米），而在实际应用中，则要求建立平面直角坐标系（单位为米）。因此，必须利用MapGIS所提供的坐标转换功能，将图面坐标转换成为正投影的大地直角坐标系。在坐标转换过程中，为了能够保证数据的精度，可根据提供数据源的图件精度的不同，在坐标转换过程中，采用不同的质量控制方法进行坐标转换工作。

2. 投影转换 县级土地利用现状数据库的数据投影方式采用高斯投影，也就是将进行坐标转换以后的图形资料，按照大地坐标系的经纬度坐标进行转换，以便以后进行图件拼接。在进行投影转换时，对 1：50 000 土地利用图件资料，投影的分带宽度为 3°。但是根据地形的复杂程度，行政区的跨度和图幅的具体情况，对于部分图形采用非标准的 3°分带高斯投影。

3. 图件拼接 中阳县提供的 1：50 000 土地利用现状图是采用标准分幅图，在系统建设过程中应图幅进行拼接。在图斑拼接检查过程中，相邻图幅间的同名要素误差应小于 1毫米，这时移动其任何一个要素进行拼接，同名要素间距在 1～3 毫米的处理方法是将两个要素各自移动一半，在中间部分结合，这样图幅拼接完全满足了精度要求。

五、空间数据库与属性数据库的连接

MapGIS 系统采用不同的数据模型分别对属性数据和空间数据进行存储管理，属性数据采用关系模型，空间数据采用网状模型。两种数据的连接非常重要。在一个图幅工作单元 Coverage 中，每个图形单元由一个标识码来唯一确定。同时一个 Coverage 中可以若干个关系数据库文件即要素属性表，用以完成对 Coverage 的地理要素的属性描述。图形单元标识码是要素属性表中的一个关键字段，空间数据与属性数据以此字段形成关联，完成对地图的模拟。这种关联是 MapGIS 的两种模型连成一体，可以方便地从空间数据检索属性数据或者从属性数据检索空间数据。

对属性与空间数据的连接采用的方法是：在图件矢量化过程中，标记多边形标识点，建立多边形编码表，并运用 MapGIS 将用 Foxpro 建立的属性数据库自动连接到图形单元中，这种方法可由多人同时进行工作，速度较快。

第三章　耕地土壤属性

第一节　耕地土壤类型

一、土壤类型特征及生产性能

自古生代至中生代末期，在喜马拉雅山造山运动的影响下，地壳以缓慢的差异性上升为主，使中阳县境内东部和东北部的起云山、雪岭、上项山、八道军山地壳隆起，构成了全县的骨架。随着地质年代的推移，本县地壳持续上升，侵蚀基面相对不断下降，在地表流水的引力下，侵蚀性沟谷发育而下切强烈，二壁陡直，加之黄土冲刷寥寥无几，基岩裸露地面，经风吹日晒，雨水淋刷，久而久之，形成了岩石风化发育的山地土壤类型。

形状不一的向斜凹地，接受着新生代成因复杂、厚薄不一的黄土及黄土状物的不断堆积，从而形成了分布广泛、面积最大受生物气候所规定的地带性土壤。

中阳县土壤的形成，为生物生存创造了良好的条件，促使生物不断增长，森林、草本植物生长繁茂，构成了森林草原与干旱草原和荒漠草原过渡地带。据历史流传，春秋战国时期本县是松树成林、老虎成群的地方。

黄土覆盖较厚的向斜凹地，早在魏晋时期，因中阳县农垦较为发达，已成为农耕区。到辛亥革命后，农垦业又急剧发展，垦种指数越来越高，大量的自然植被惨遭破坏，以致广大地面荡然无存，气候日趋干燥，沙化急剧发展。侵蚀性沟谷发育下切强烈，登高远望，平整的高原面为无数的羽状侵蚀沟，境内切割成浑圆的黄土梁峁，形成了梁峁起伏、沟壑纵横、光山秃岭的地貌景观。

由于耕地扩大，森林、草原破坏，加剧了土壤侵蚀，破坏了生态平衡，形成了越垦越穷，越穷越垦的恶性循环。自然土壤的表层逐渐冲失，心土层裸露，故在中阳县黄土丘陵很难找到一个完整的天然剖面。强烈的侵蚀迫使土壤一次又一次地重新开始新的成土过程，发育—侵蚀—发育交替进行，循环往复，周而复始，使灰褐土发育经常处于幼年阶段。

中阳县南川河流两岸，由于地形较开阔平坦低洼，是地下水、地面水汇集处。受近代河流洪积冲积物的影响较大，并在成土过程中，两侧土地上部，大气自然补给雨后，地下潜水均向川谷汇集。特别是汛期来水，河水大量渗漏地下，使河漫滩和一级阶地有较高的地下水位，地下水直接参与了土壤的形成，从而形成了隐域性的土壤类型。

（一）山地棕壤

中阳县山地棕壤是发育在岩石风化残积物及黄土母质的山地垂直带谱土壤，所占面积较小。通常按土壤形成条件、形成过程及属性，分为山地棕壤与山地生草棕壤2个亚类。现分别叙述如下：

1. 山地棕壤　山地棕壤是针叶林或针阔叶混交林植被下发育的土壤。总面积12 385

亩。土层厚度为 40～80 厘米，质地因母质而异，一般为沙壤—轻壤，表层有 2～6 厘米未分解和半分解的枯枝落叶层，之下有未完全分解的有机质层，有机质层下为腐殖质层，厚度大多在 10 厘米左右，最厚也不超 20 厘米，有机质含量多在 7％以上。腐殖质层为团粒结构，心土层、底土层多为碎块状结构，土体颜色以棕色为主，次色因母质而异，但本地受人为因素强烈影响，一般土色较浅，土体通常湿润。

典型剖面描述如下：

剖面所在地：起云山海拔 1950 米的山地上，地面坡度为 25°。生长着油松、桦树等树林，草灌植被也很茂密，发育在石灰岩风化残积母质上。

0～3 厘米，分解和半分解的枯枝落叶层。

3～9 厘米，浅灰褐色，土粒不均，有未完全分解的有机物质堆积，灰白真菌丝体存在，根系很多，极为疏松。

9～28 厘米，浅棕黑色的腐殖质层，团粒—屑粒结构，质地轻壤，疏松多孔。

28～40 厘米，深棕褐色，屑粒—碎块状结构，质地轻壤，有淋溶迹象，土体稍紧，孔隙较多，有少量的母岩碎块。

40～50 厘米，棕褐色，碎块状结构，质地轻壤，土体稍紧，根系多，母岩碎块较多。

50 厘米以下为半分化物及母岩。

典型剖面理化性状见表 3－1。

表 3－1　典型剖面理化性状分析化验结果

土层厚度 （厘米）	有机质 （％）	全氮 （％）	全磷 （％）	pH	碳酸钙 （％）	代换量 （me/ 百克土）	机械组成（％）		质地
							>0.01 （毫米）	<0.001 （毫米）	
3～9	—	—	—		—	—			—
9～28	5.57	0.246	0.064	7.6	—	27.33	—	—	腐殖质
28～40	2.63	0.142	0.063	7.8		25.30	—	—	轻壤
40～50	3.02	0.153	0.063	7.9		24.29	—	—	轻壤

根据其母岩类型划分为以下土属，兼为各土属典型土种。

（1）花岗片麻岩质山地棕壤：分布在起云山东侧刘公洞的山地上，其沙性较强，心土层以下岩石碎块明显增多，土层薄。面积 2 808 亩。

（2）石灰岩质山地棕壤：分布在起云山、木狐台、八道军山的山地上，其土壤质地较细，母岩内部仍有强烈的石灰反应。面积 6 738 亩。

（3）石英砂岩质山地棕壤：分布在木狐台的山地上，母质硬度大，故土壤质地一般较粗，心土层以下岩石碎块增多。面积 2 151 亩。

（4）砂页岩质山地棕壤：分布在起云山的山地上，砂页岩质易风化，故土壤质地细，颜色浅。面积 688 亩。

2. 山地生草棕壤　主要分布在上顶山、土湾脑则的平台及缓坡处，面积 10 352 亩。其地形较为平缓，是早年森林遭到破坏之后，被草灌植被迅速代替，在茂密的草灌植被下发育的土壤。生草过程为本土壤的典型特征，主要草灌植被有羽茅、鹅冠草、苔草、山梨豆、歪头草、醋柳、黄刺玫、野菊花、虎榛子等。

由于草本茂密旺盛，土壤又常处于低温潮湿中，抑制了好气性细菌的分解活动，给有机质积累创造了极有利的条件。植被残体年复一年，大量积累，而形成了较厚的腐殖质层。植物残体在嫌气性细菌分解过程中产生了有机酸，被降水淋溶下去，而不能被盐基全部中和，使得整个土体呈微酸性反应。

山地生草棕壤虽保持了棕壤土类的主要成土过程，但土壤发育剖面形态有明显的差异，土层厚度多为 50～70 厘米，发育在黄土母质上，厚度可达 1.5 米，质地为沙壤—轻壤。表层 10 厘米左右均为灰黑—灰棕黑色，而且有土粒不匀的草皮层，盘结异常紧密。有机质含量为 5%～9%。腐殖质层是较稳定的团粒结构，心土层为屑粒状或碎块状结构，底土层为碎块状或块状结构。全剖面呈微酸性反应。

兹将典型剖面描述如下：

剖面所在地：上顶山顶部，海拔 2 080 米，生长着茂密的草灌植被，地面坡度 18°，发育在石灰岩风化物母质上。

0～2 厘米，为草皮层。

2～8 厘米，灰棕黑色，土粒不均，但有团粒结构，植物根系盘结异常紧密。

8～16 厘米，灰棕黑色的腐殖质层，质地轻壤，团粒—屑粒状结构，疏松多孔，植物根系很多。

16～33 厘米，灰棕黑色，碎块状结构，质地轻壤，有淋溶现象，植物根系多，较紧实，在铁锰下移现象，夹有少量半风化岩石碎块。

33～57 厘米，灰棕褐色，质地轻壤，碎块状结构，植物根系少，紧实，岩石碎块很多。

57 厘米以下为母岩。

典型剖面理化性状见表 3-2。

表 3-2 典型剖面理化性状分析化验结果

土层厚度（厘米）	有机质（%）	全氮（%）	全磷（%）	pH	碳酸钙（%）	代换量（me/百克土）	机械组成（%）		质地
							>0.01（毫米）	<0.001（毫米）	
2～8	9.38	0.798	0.095	—	—	—	73.9	10.2	轻壤
8～16	6.83	0.436	0.095	—	—	26.40	76.3	8.2	轻壤
16～33	6.89	0.49	0.087	—	—	23.85	73.9	9.8	轻壤
33～57	5.08	0.355	0.087	—	—	23.95	70.2	10.2	轻壤

根据生草棕壤发育的母质不同，划分为以下土属，兼为各土属的主要土种。

（1）石灰岩质山地生草棕壤：分布于上顶山顶的平台，面积 739 亩。

（2）石英砂岩质山地生草棕壤：分布在上顶山的缓坡处，面积 8 021 亩。

（3）黄土质山地生草棕壤：分布在土湾脑则山顶的平台及缓坡处，是在第四纪黄土母质上发育的土壤，面积 1 592 亩。

（二）灰褐土

广泛分布在海拔 1 000～1 900 米的川谷区，黄土丘陵区土石山区及石质低山，该类土壤遍及全县，面积较大，是中阳县重要的农业生产基地。

该区自然植被除山地、石质丘陵地较茂密外，一般较稀疏。广大黄土丘陵区几乎全部峁顶、梁坡、沟坡地被农田所占，残余的植被大部分集中于沟坡和农田的边缘。在水分较差的沟谷阳坡上，主要分布有青蒿和白草群落；两者又常与牛筋子、本氏羽茅、茵陈蒿、胡枝子、扁核木、闭穗槐等组合成各种复合群落。在农田边缘常有披碱草、棒槌草等群生，在崖坡陡壁上可见到单枝黄麻、酸枣、锦鸡儿或枸杞等少数灌木群落。土石山地及石质山区，自然植被较茂密，主要着生白羊草、苔草、针茅、虎榛子、醋柳、黄刺玫等草灌植被，部分山区生长林木，多以桦树、杨树、柞树、山楂等为主。海拔1 300米以下石质丘陵地区生长小柏树、油松和一些灌木群落。

灰褐土主要发育于黄土及其洪积—冲积、坡积物母质上。黄土是第四纪陆相的特殊沉积物，它具有土层深厚，质地均匀，疏松多孔，富含碳酸钙（此外含有较多的钾、磷矿物质元素及硼、锌、锰、铝等微量元素，但有效性很低），土壤反应略偏碱性，没有有害物质的特点。它与其他母岩不同，并不需要进一步风化就可以生长植物，而发生成土作用，是一个品质优良的成土母质。

灰褐土物理化学风化过程甚为强烈，土体中好气性细菌生长发育良好，活动旺盛，植物每年留给和人为施入土壤的有机质很快分解，这样就很容易被植物吸收，合成新的有机物，这类土壤中矿质化过程强于腐殖质化过程，腐殖质积累较少，物质循环十分活跃。加之土壤侵蚀的发展，故土壤发育的腐殖质化过程（除表层土壤腐殖质含量略高外，其余各层均与母质相似），黏化过程（除较平坦的地方，土壤有微弱的黏粒下移位，其余土壤几乎没有），钙积化过程（在土体中仅可以见到碳酸钙以假菌丝体形式淀积，全剖面石灰反应强烈）都很微弱，没有什么明显的发育层次。除淋溶灰褐土、山地灰褐土有较薄的腐殖质层、耕作土壤有较紧的犁底层外，全剖面颜色、结构等均没有多大差异，根本没有特殊的诊断层次，土体上下的均匀一致，到处表现了灰褐土土体发育微弱的基本特征。

该土所处地带相对高差为1 000米左右，随着海拔高度的差异，气温、降水量、无霜期及植被类型亦有颇大差异，因而使灰褐土明显处于几个不同的发育阶段。

中阳县海拔为1 700～1 900米的石质山地及土石山地的森林下限，由于自然植被几层楼覆盖（上部树木、下部灌木草丛生），覆盖度达70%以上，降落的雨慢慢下渗，使土壤分解的盐基物随水移动，故土体无石灰反应或底土层有微弱的石灰反应，而形成了具有淋溶作用的灰褐土亚类。

中阳县沿山寒冷半湿润气候区，一般海拔为1 400～1 700米（有的地方可达1 300～1 600米）的诸石质山地及土石山地上，是高寒森林区边缘地带，全年平均温度6～7℃，年极端最高温度30℃，最低温度－27℃，1月最冷平均温度－8.6℃，7月最热平均温度18.5℃，年降水量为550～600毫米，由于植物被覆盖较好，湿度温度较为适宜，土壤物理、化学风化较强，有机质积累少而薄。土壤成土过程中受季节性降水的影响，使土壤产生了一定的淋溶作用，土壤剖面可看到黏粒微弱下移，碳酸钙以丝状淀积，土体呈石灰反应，便形成了受生物气候带所规定的地带性土壤—山地灰褐土亚类。

分布在中阳县东部的山地灰褐土，在土壤形成前受山林有机物质坡积作用的影响，表层被近代的黄土所覆盖。由于腐殖质化时间较久，土体中部形成了黑色的肥沃土层，加之此地降水较多，土壤在较久的淋溶作用下，呈微弱的碱性反应，土体底部还可出现铁锈斑纹，使土壤成土过程有了进一步的发展。

中阳县西部、中部温带干旱及干旱气候区，海拔为1 000～1 400米，属黄土丘陵地区，地形复杂，气候温暖，年平均温度为6～10℃，极端最高温度35℃，最低温度−23℃，1月平均温度−7.1℃，7月最热下平均温度22.1℃，年降水量450～550毫米，并在全年内分配不匀，据历年统计：7月、8月、9月这3个月平均降水量为280毫米，占全年降水60%。由于梁峁起伏，沟壑纵横、荒山秃岭，雨水直接与地面接触，水土流失严重，肥沃表土被冲刷无余，使得土壤无稳定的成土过程。

中阳县海拔1 350米左右的黄土丘陵地区，局部坡度较缓，自然植被覆盖较好的地方，水土流失较轻，土壤的天然状况几乎无损，表层土壤有微弱的腐殖质积累，土体1米左右有微弱的黏化现象和较明显的糯丝状碳酸钙淀积，盐酸反应自上而下逐渐增强，土壤发育具有明显的灰褐土特征。

黄土丘陵地区，梁、峁、坡地，发育在黄土母质上的土壤，结构疏松，土质较轻，土性绵，富含有碳酸钙，石灰反应强烈；而侵蚀严重的切沟底部，发育在红黏土母质上的土壤，结构紧密，质地黏重，土性僵硬，土体坚实，呈微酸性反应；沟壑及山梁鞍部，古土壤母质上发育的土壤，结构紧密，质地轻壤—中壤，土性僵硬，碳酸钙淀积十分显著，色泽深暗，土壤肥力高。在不同的母质类型影响下，形成了不同的土壤属性。依次划分为灰褐土性土、红黏土质灰褐土性土和埋藏垆土型灰褐土性土等土属。

灰褐土是中阳县分布面积最大的一类土壤，面积为2 035 889亩，占总土地面积的96%。根据其地形及生物气候条件对土壤发育的影响程度，可分为淋溶灰褐土、山地灰褐土、灰褐土、灰褐土性土4个亚类，它们有着发生上的联系，具有灰褐土的共性，但各自的附加成土过程不同，而在形态和农业生产性状上有很大差异。

1. 淋溶灰褐土　主要分布于起云山、木狐台、土湾脑则、上顶山的石质山地上，面积199 565亩。海拔为1 700～1 900米，棕壤下限的次生森林地带，通常主要以落叶阔叶林为主，柞树、杨树、山桃、山杏、杜梨，并有灌木醋柳、马茹等，植被生长繁茂，覆盖度70%以上。所以，光线不足，气候湿润，给有机质积累创造了良好条件，绝大多数土壤是发育于岩石风化残积母质上。土层厚度为30～60厘米，发育在黄土母质上的达1～1.5米，质地因母质而异，但多在沙壤—轻壤，表层有2～3厘米的枯枝落叶层，之下为腐殖质层，厚度多在10厘米左右，有机质含量为4%～10%。土体上腐殖质层多是屑粒和不稳定的团粒结构，心土层是碎块状结构，底土层多为块状或碎块状结构，土体半风化物由心土层开始逐渐增多。心土层有明显的淋溶作用，表土层均无石灰反应。

兹将典型剖面描述如下：

剖面所在地：刘家坪村、河底村榆树梁一带的石质山地上，海拔1 710米，以柞树为主的阔叶林植被较为茂密，林下的白羊草、黄刺玫等草灌也很旺盛，是石灰岩风化残积—坡积母质上发育的土壤。

0～2厘米，为枯枝落叶层。

2～10厘米，为灰黑色的腐殖质层，质地轻壤，团粒结构，疏松多孔，植物根系多，干湿度为稍润，无石灰反应。

10～19 厘米，浅灰黑色，质地轻壤，屑粒状结构，较为疏松，孔隙、植物根系多，干湿度为稍润，无石灰反应。

19～24 厘米，灰褐色，质地轻壤，碎块状结构，较紧实，植物根系较多，干湿度为稍润，有极微弱的石灰反应，有少量岩石碎块。

24～29 厘米，灰棕褐色，质地轻壤，碎块状结构，土体紧实，孔隙少，干湿度为润，石灰反应较强，夹有岩石碎块。

29 厘米以下为母岩。

典型剖面理化性状见表 3-3。

表 3-3　典型剖面理化性状分析化验结果

土层厚度（厘米）	有机质（%）	全氮（%）	全磷（%）	pH	碳酸钙（%）	代换量（me/百克土）	机械组成（%）		质地
							>0.01（毫米）	<0.001（毫米）	
2～10	10.45	0.423	0.067	—	—	26.49	28.1	14.0	轻壤
10～19	5.48	0.246	0.057	—	—	22.25	84.2	13.3	轻壤
19～24	4.84	0.509	0.053	8.1	—	21.44	68.9	12.9	轻壤
24～29	4.77	0.378	0.056	8.3	—	21.19	68.3	14.1	轻壤

根据其母质，淋溶灰褐土划分为以下土属：

（1）花岗片麻岩质淋溶灰褐土：主要分布于青阳山、棋盘山两侧一带的石质山地，由于母质关系，土体半风化物——粗沙较多，溶作用强。面积为 16 172 亩。

（2）石灰岩质淋溶灰褐土：主要分布于八道军山、太平山、荒草山、纱帽顶等诸石质山地，由于母质关系，质地较细，多为轻壤，面积为 124 729 亩。

（3）石英砂岩质淋溶灰褐土：主要分布在上顶山、土湾脑则一带的诸石质山地，土体中半风化物——粗沙较多，淋溶作用强，面积为 52 722 亩。

（4）黄土质淋溶灰褐土：主要分布在上顶山、八道军山，海拔均为 1 750 米以上的土石山地，是由黄土母质发育而来，由于坡度较缓，部位较高，土体深厚，通体无石灰反应，有机质含量除表层 5% 左右外，心土、底土层均在 1% 以下，面积为 5 942 亩。

2. 山地灰褐土　面积 846 129 亩，分布在海拔为 1 400～1 700 米（有的地方为 1 300～1 650 米）的土石山地及山麓黄土残丘，为半湿润的农业气候区，是森林的边缘地带，植被覆盖较好，一般可达 50%～70%。其上部海拔较高的部位常有山杨、桦树、油松、柞树等次生林分布，其下部主要为虎榛子、胡枝子、黄刺玫、白羊草、铁秆蒿、醋柳、马茹等草灌植被。土壤多发育在岩石风化残积母质上。黄土残丘上发育的土壤，部分已垦为农田，在坡度较陡、植被少的地方，有土层极薄的粗骨性土壤分布。根据其发育土壤的母质类型，剖面形态特征划分为以下土属：

（1）花岗片麻岩质山地灰褐土，主要分布于上顶山东侧、起云山、高山上的石质山地上。面积为 55 701 亩。

（2）石英砂岩质山地灰褐土，主要分布在八道军山与棋盘山西侧及尖顶山一带的石质山地上。面积为 84 446 亩。

（3）石灰岩质山地灰褐土，主要分布在木狐台东西两侧。太平山、荒草山、柏洼山等枝柯、刘家坪一带的石质山地上，面积为 351 056 亩。

以上 3 个土属分布面积在本亚类中较为广泛，为草本植被下发育的土壤，都具有本亚类的剖面形态特征，不同之处是因发育土壤的母岩而异。

兹将典型剖面描述如下：

剖面所在地：宁乡镇车鸣峪一带，海拔为 1 650 米的石质山地。生长着茂密的白羊草、醋柳、马茹等草灌植被，并有油松、山杨、桦树等的混交次生林，发育在石灰岩母质上。

0～4 厘米，为枯枝落叶层。

4～15 厘米，浅灰黑色的腐殖质层，质地轻壤，屑粒状结构，疏松多孔，植物根系多，石灰反应较强。

15～30 厘米，灰白棕色，质地轻壤，屑粒—碎块状结构，较疏松，孔隙、根系多，石灰反应较强。

30～40 厘米，灰白色，质地轻壤，碎块状结构，土体较紧，孔隙、根系中量，石灰反应强烈。

40～50 厘米，灰白色，质地轻壤，碎块状结构，土体紧实，孔隙、根系少，石灰反应强烈。

50 厘米以下为母岩。

典型剖面理化性状见表 3-4。

表 3-4　典型剖面理化性状分析化验结果

土层厚度（厘米）	有机质（%）	全　氮（%）	全　磷（%）	pH	碳酸钙（%）	代换量（me/百克土）	机械组成（%）		质　地
							>0.01（毫米）	<0.001（毫米）	
4～15	6.69	0.314	0.058	7.8	9.34	19.74	70.0	14.0	轻　壤
15～30	3.92	0.199	0.047	8.1	4.00	14.47	61.3	15.7	轻　壤
30～40	1.56	0.120	0.038	8.4	40.66	—	53.4	17.6	轻　壤
40～50	1.11	0.050	0.035	8.3	45.58	—	43.7	16.8	轻　壤

以上 3 个土属其形态特征可归纳为以下几点：

土层较薄，为 30～50 厘米，质地为沙壤—轻壤。

表层有 1～4 厘米枯枝落叶层，之下有 10 厘米左右的腐殖质层，厚者可达 15 厘米，有机质为 4%～7%。

有机质层是屑粒状结构，并有少量团粒结构，心土层是碎块—块状结构，土体下部多含有岩石半风化物，并由上而下增多。

土体呈碱性反应，通体石灰反应强烈。

（4）黄土质山地灰褐土：分布于土石山地区的黄土残丘上，是黄土母质发育的土壤。土层一般深厚，植被覆盖较差，故土体发育比较微弱，有机质积累的少，为 1.5%～4%，而且较薄，一般在 5 厘米左右，有的很不明显。土壤质地多为沙质轻壤—轻壤，有明显的假菌丝体，全剖面石灰反应强烈，有机质层呈屑粒状或不稳定的碎块状结构，发育较好的有机质层呈少量团粒结构。以下各层均为块状和碎块状结构。目前本土壤较平缓，多已垦为农田，为一年一熟或轮休种植制，以莜麦、山药、谷子、胡麻、豆类作物为主，面积为324 661亩。

兹将典型剖面描述如下：

剖面所在地：张子山乡神树村，海拔为1 630米，生长着白羊草等草本植物和醋柳等灌木。

0～2厘米，为枯枝落叶层。

2～5厘米，灰褐色的腐殖质层，质地轻壤，以屑粒结构为主，有少量团粒结构，疏松多孔，植物根系多。

5～47厘米，灰褐色，质地轻壤，碎块状结构，土体较紧、孔隙、根系较多。

47～78厘米，灰棕褐色，质地轻壤，块状结构，紧实，孔隙、根系较多，有少量的假菌丝体淀积。

78～102厘米，灰棕褐色，质地轻壤，块状结构，土体紧实，孔隙、根系少，有较多假菌丝体淀积。通体石灰反应强烈。

典型剖面理化性状见表3-5。

表3-5 典型剖面理化性状分析化验结果

土层厚度 (厘米)	有机质 （％）	全 氮 （％）	全 磷 （％）	pH	碳酸钙 （％）	代换量 (me/百克土)	机械组成（％）		质 地
							>0.01 （毫米）	<0.001 （毫米）	
2～5	3.67	0.179	0.058	8.0	5.50	12.43	82.0	7.2	轻 壤
5～47	1.49	0.102	0.053	8.4	9.71	12.88	69.7	13.2	轻 壤
47～78	0.65	0.045	0.052	8.5	12.50	—	68.2	13.9	轻 壤
78～102	0.41	0.028	0.046	8.2	12.58	—	65.8	12.1	轻 壤

根据土层厚度，砂姜含量，农业利用方式划分为以下土种：

①中厚层黄土质山地灰褐土，典型土种。

②薄层黄土质山地灰褐土，是黄土覆盖在基岩上发育的土壤。心土层及底土层仍还保存着黄土的基本性状，土层一般在30厘米以内。

③少砂姜黄土质山地灰褐土，土体内通常都含有10％以内的砂姜。

④耕种黄土质山地灰褐土，虽然认为有意识的垦殖，但由于耕种年代较近，而使土体仍保留有黄土质山地灰褐土的特性，故土层较厚，除上部形成明显的耕作层外，其下与土属特征相似，只因耕种的影响，土壤矿化过程增强，有机质低于未耕种的土壤，多为0.7％～1.5％。

（5）红黏土质山地灰褐土：极小面积零星分布在土石山地的沟坡上，其母质为第三纪的保德红土。裸露地面，色泽鲜艳，质地重壤—黏土，土体紧实，可见到独特的铁锰结核或铁锰胶膜，除表层有微弱的石灰反应外，其下均无石灰反应。但由于水文地质的搬迁，有的土体中含有砂姜，面积 450 亩。

根据其农业利用方式划分为耕作少砂姜红黏土质山地灰褐土 1 个土种。

兹将典型剖面描述如下：

剖面所在地：枝柯镇康家塔村瓦窑巷一带的土石山地沟坡上，海拔为 1 570 米，地埂边缘生长着醋柳、马茹等灌木丛。

0～12 厘米，灰棕褐色，质地轻壤，屑粒状结构，疏松多孔，植物根系多，干湿度为稍润，有较弱的石灰反应。

12～29 厘米，红棕色，质地重壤偏重，块状结构，土体紧实，孔隙少，植物根系多，干湿度为潮湿，含有少量砂姜，除砂姜外，均无石灰反应。

29～80 厘米，红棕色，质地轻黏土，块状结构土体紧实，孔隙少，植物根系较多，干湿度为潮湿，含有少量砂姜，除砂姜外，均无石灰反应。

80～150 厘米，红棕色，质地轻黏土，块状结构，土体紧实，孔隙、植物根系少，干湿度为潮湿，含有少量砂姜，除砂姜外，均无石灰反应。

典型剖面理化性状见表 3-6。

表 3-6 典型剖面理化性状分析化验结果

土层厚度（厘米）	有机质（％）	全　氮（％）	全　磷（％）	pH	碳酸钙（％）	代换量（me/百克土）	机械组成（％）		质　地
							>0.01（毫米）	<0.001（毫米）	
0～12	0.52	0.036	0.045	—	0.45	23.9	44.9	3.8	轻　壤
12～29	0.30	0.023	0.043	—	0.15	25.32	33.4	15.6	重　壤
29～80	0.21	0.023	0.032	—	—	—	29.8	15.2	轻　黏
80～150	0.15	0.022	0.069	—	0.30	—	30.5	21.1	轻　黏

（6）坡积物山地灰褐土：分布于土石山区的坡地上，其母质多为黄土质坡积—残积物。土壤形成是重力和水力作用，从上部短距离移动后，堆积于山地下部而成的，土体一般较厚，大多超过 1.5 米。因此，已成为当地农田，面积为 3 225 亩。

兹将典型剖面描述如下：

剖面所在地：枝柯镇会湾村山坡下部，海拔为 1 585 米，为当地农田。

0～18 厘米，浅灰棕褐色，质地轻壤，屑粒状结构，疏松多孔，植物根系多，干湿度为润，石灰反应较强。

18～63 厘米，浅灰棕色，质地轻壤，块状结构，土体较松，孔隙多，植物根系较多，干湿度为潮，有微弱的石灰反应。

63～104 厘米，浅褐棕色，质地轻壤偏重，碎块状结构，土体较松，孔隙多、根系较少，无石灰反应。

104～150 厘米，灰棕褐色，质地轻壤，碎块状结构，土体较松，孔隙、根系较少，无石灰反应。

典型剖面理化性状见表 3-7。

表 3 - 7　典型剖面理化性状分析化验结果

土层厚度（厘米）	有机质（％）	全　氮（％）	全　磷（％）	pH	碳酸钙（％）	代换量（me/百克土）	机械组成（％）		质　地
							>0.01（毫米）	<0.001（毫米）	
8～18	0.54	0.043	0.054	8.4	0.30	11.39	61.7	8.6	轻壤
18～63	0.33	0.022	0.053	8.0	0.15	10.21	67.2	4.6	轻壤
63～104	0.46	0.021	0.057	—	0.30	13.58	61.2	15.2	轻偏重
104～150	0.44	0.028	0.049	—	0.15	13.22	54.3	7.8	轻壤

（7）埋藏黑土层黄土质山地灰褐土：主要分布在中阳县东部与孝义市交界处，黄土覆盖较厚的山地下部地段。近代山林有机物质坡积作用影响后，被黄土所覆盖，由于腐殖化过程，土体中部形成了黑色肥沃的土壤，加之此地降水较多，在较久的淋溶作用下土壤呈微碱性反应，土体底部还可见到铁锈斑纹，面积为 4 000 亩。

兹将典型剖面描述如下：

剖面所在地：枝柯镇南大井村坡耕地，一年一作，种植莜麦为主。

0～26 厘米，浅灰黑色，质地轻壤，屑粒状结构，疏松多孔，植物根系多，干湿度为稍润，石灰反应较强。

26～38 厘米，浅灰黑色，质地轻壤，碎块状结构，土体较紧，孔隙、根系多，干湿度为润，有微弱的石灰反应。

38～52 厘米，深灰黑色，质地轻壤，碎块状结构，土体紧实，孔隙、根系较多，无石灰反应。

52～79 厘米，灰黑色，质地轻壤，块状结构，土体紧实，孔隙、根系少，无石灰反应，有较多的铁锈斑纹。

79～87 厘米，深灰褐色，质地轻壤，块状结构，土体紧实，孔隙、根系少，无石灰反应，有较多的铁锈斑纹。

87～110 厘米，深灰棕色，质地轻壤，块状结构，土体紧实，孔隙少，无根系，无石灰反应，有较多的铁锈斑纹。

110～150 厘米，浅灰褐色，质地轻壤，块状结构，土体紧实，孔隙少，均无根系，无石灰反应，有较多的铁锈斑纹。

典型剖面理化性状见表 3 - 8。

表 3 - 8　典型剖面理化性状分析化验结果

土层厚度（厘米）	有机质（％）	全　氮（％）	全　磷（％）	pH	碳酸钙（％）	代换量（me/百克土）	机械组成（％）		质　地
							>0.01（毫米）	<0.001（毫米）	
0～26	1.48	0.067	0.064	8.3	—	12.42	67.2	16.4	轻　壤
26～38	1.51	0.055	0.060	8.3	—	12.63	66.9	17.5	轻　壤
38～52	1.05	0.050	0.066	8.3	—		68.1	19.4	轻　壤
52～79	1.06	0.048	0.064	8.3	—		68.5	18.7	轻　壤

（续）

土层厚度 （厘米）	有机质 （%）	全　氮 （%）	全　磷 （%）	pH	碳酸钙 （%）	代换量 （me/百克土）	机械组成（%）		质　地
							>0.01 （毫米）	<0.001 （毫米）	
79～87	1.23	0.062	0.012	8.3	—	—	63.4	20.2	轻　壤
87～110	0.34	0.056	0.046	8.3	—	—	66.2	18.7	轻　壤
110～150	0.36	0.056	0.040	8.3	—	—	67.5	18.7	轻　壤

埋藏黑土层黄土质山地灰褐土划分以下土种：

①耕种埋藏黑土层沟淤黄土质山地灰褐土。

②耕种埋藏黑土层黄土质山地灰褐土。

（8）耕种沟淤山地灰褐土：分布于刘家坪、枝柯较大沟谷两侧的高台地和沟谷中，母质为洪积淤积物，是当地较肥沃的土壤。其土层厚度不一，底部多为沙卵、砾石层，土体由于受历次洪积影响，层次比较明显。质地沙壤—轻壤，面积为 11 559 亩。

兹将典型剖面描述如下：

剖面所在地：刘家坪村，海拔为 1 430 米沟谷中，两侧山地下部为黄土堆积。多年以种植山药、谷子为主，产量较高。

0～21 厘米，灰褐色，质地轻壤，屑粒状结构，疏松多孔，植物根系多，有少量的炭屑，石灰反应强烈。

21～50 厘米，灰褐色，质地轻壤，碎块状结构，较为紧实，孔隙、根系较多，有少量的炭屑，石灰反应强烈。

50～66 厘米，灰褐色，质地沙质轻壤，块状结构，土体紧实，中量孔隙，根系较多，有少量的炭屑，石灰反应强烈。

66～78 厘米，灰褐色，质地沙壤，块状结构，土体紧实，孔隙少，根系较多，石灰反应强烈。

78～87 厘米，灰棕褐色，质地沙壤，块状结构，土体紧实，孔隙、根系较少，石灰反应强烈。

87～104 厘米，灰棕褐色，质地轻壤，块状结构，土体紧实，孔隙、根系少，有少量的假菌丝体淀积，石灰反应强烈。

104～120 厘米，灰棕褐色，质地沙壤，单粒状结构，土体紧实，孔隙、根系少，石灰反应强烈。

典型剖面理化性状见表 3 - 9。

表 3 - 9　典型剖面理化性状分析化验结果

土层厚度 （厘米）	有机质 （%）	全　氮 （%）	全　磷 （%）	pH	碳酸钙 （%）	代换量 （me/百克土）	机械组成（%）		质　地
							>0.01 （毫米）	<0.001 （毫米）	
0～21	1.06	0.081	0.061	8.3	3.60	10.15	68.3	8.6	轻　壤
21～50	0.77	0.042	0.064	8.2	3.22	11.09	69.8	8.4	轻　壤
50～66	0.33	0.017	0.094	8.3	3.62	—	79.5	8.6	沙质轻壤

（续）

土层厚度（厘米）	有机质（%）	全 氮（%）	全 磷（%）	pH	碳酸钙（%）	代换量（me/百克土）	机械组成（%）		质 地
							>0.01（毫米）	<0.001（毫米）	
66～78	0.60	0.042	0.069	8.4	2.10	—	72.6	8.2	沙 壤
78～87	0.65	0.042	0.070	8.3	2.10	—	70.6	13.3	沙 壤
87～104	0.58	0.046	0.066	8.45	1.95	—	72.4	7.2	轻 壤
104～120	0.61	0.029	0.110	8.4	0.37	—	70.6	14.0	砂 壤

沟淤山地灰褐土根据土层厚度划分以下土种：

①耕种沟淤山地灰褐土，土层厚度一般为 1.5 米以上，为本属主要土种。

②耕种砾石底沟淤山地灰褐土，土层一般为 50 厘米以内，土壤底部为砾石层，分布在沟谷较窄的地方。

③耕种底沙沟淤山地灰褐土，土层一般为 1 米左右，土壤底部为粗沙层。

④耕种少砾石沟淤山地灰褐土，土层一般在 1.5 米以上，但通体中均有 10% 以内的砾石碎块。

（9）粗骨性山地灰褐土：零星分布于坡度较陡（一般坡度为 30°左右）、植被较差（覆盖率＜20%）、侵蚀严重、水分状况较次的地方，一般阳处分布较多。土壤由于地表径流的作用，使表土流失，地面出现了大量的岩石碎块，有的母岩外露，土层极薄，剖面发育不明显，有机质含量很低，面积 4 618 亩。

根据其特征划分为石英砂岩质粗骨性山地灰褐土：

兹将典型剖面描述如下：

剖面所在地：刘家坪村一带的石质山地，地面生长着极稀疏的柞树、杨树、山桃等植被，发育在花岗片麻岩残积母质上。

0～3 厘米，为枯枝落叶层。

3～5 厘米，为有机质堆积的腐殖质层，土粒不均，质地轻壤，屑粒状结构，有少量的团粒结构，有微弱的石灰反应。

5～23 厘米，灰褐色，质地沙土，呈颗粒状结构，根系多，有微弱的石灰反应，半风化屑粒达 40%。

23～31 厘米，母岩风化物碎屑层，质地沙土，半风化物碎屑达 70%。

31 厘米以下为母岩。

典型剖面理化性状见表 3-10。

表 3-10 典型剖面理化性状分析化验结果

土层厚度（厘米）	有机质（%）	全 氮（%）	全 磷（%）	pH	代换量（me/百克土）	质 地
3～5	9.63	0.506	0.084	8.1	22.08	轻 壤
5～23	1.15	0.066	0.11	8.0	20.59	沙 土
23～31	0.61	0.043	0.12	8.0	19.44	沙 土

（10）红土质山地灰褐土：极小面积分布于土石山地区，侵蚀较为严重的山坡上，其母质是第四纪形成最早的土壤（午城土壤），与保德红土相接，表层质地多为中壤，以下多为重壤。表层结构多为碎块状，以下为块状—棱柱状结构，而且紧实，土体中有较多的铁锰胶膜，除表层外，通体无石灰反应。根据农业利用方式，划分为耕种红土质山地灰褐土 1 个土种，面积为 6 404 亩。

兹将典型剖面描述如下：

剖面所在地：枝柯镇南大井村坡耕地上，多年以种植胡麻山药为主。

0～8 厘米，灰棕褐色，质地中壤偏重，碎块状结构，疏松多孔，根系多，石灰反应较强烈。

8～54 厘米，灰棕色，质地重壤，块状结构，土体紧实，孔隙少，植物根系较多，有较多的铁锰胶膜，无石灰反应。

54～88 厘米，灰棕色，质地重壤，棱柱状结构，土体坚实，孔隙、根系少，有较多的铁锰胶膜，无石灰反应。

88～111 厘米，灰棕色，质地重壤，棱柱状结构，土体坚实，孔隙、根系少，有较多的铁锰胶膜，无石灰反应。

111～150 厘米，灰棕色，质地重壤，棱柱状结构，坚实，孔隙、根系少，有较多的铁锰胶膜，无石灰反应。

典型剖面理化性状见表 3 - 11。

表 3 - 11　典型剖面理化性状分析化验结果

土层厚度（厘米）	有机质（%）	全氮（%）	全磷（%）	pH	代换量（me/百克土）	质地
0～8	0.59	0.053	0.043	8.55	21.45	中偏重
8～54	0.29	0.034	0.039	—	23.55	重壤
54～88	0.29	0.025	0.047	—	—	重壤
88～111	0.29	0.023	0.045	—	—	重壤
111～150	0.17	0.025	0.046	—	—	重壤

3. 灰褐土　本类土壤是灰褐土的典型亚类，零星分布在海拔 1 350 米左右的黄土丘陵地区。坡度较缓，自然植被较好，水土流失较轻，土壤的天然状况几乎无损，表层土壤有微弱的腐殖质积累，土体 1 米左右有微弱的黏化现象和较明显的灰褐土特征。根据其特征划分为黄土质灰褐土 1 个土属兼土种，面积为 272 亩。

兹将典型剖面描述如下：

剖面所在地：枝柯镇黄土丘陵的背阴坡上，生长着醋柳、白羊草、铁秆蒿等植被，覆盖度达 40%～50%。

0～5 厘米，灰褐色，质地沙壤，屑粒状结构，疏松多孔、植物根系多，石灰反应较强，有少量的枯枝落叶。

5～23 厘米，灰棕色，质地沙壤，碎块状结构，稍紧，孔隙较多，植物根系多，有较多的虫孔虫粪，石灰反应强。

23～44 厘米，灰棕色，质地轻壤，碎块状结构，土体稍紧，孔隙、根系较多，有极少量的假菌丝体淀积，石灰反应强。

44～66 厘米，灰棕色，质地沙壤偏轻，块状结构，紧实，孔隙、根系少，有极少量的假菌丝体淀积，石灰反应强烈。

66～85 厘米，浅灰棕色，质地沙壤偏轻，块状结构，坚实，有较多的假菌丝体淀积，石灰反应强烈。

85～108 厘米，浅灰棕色，质地沙壤偏轻，块状结构，坚实，有较多的假菌丝体淀积，石灰反应强烈。

典型剖面理化性状见表 3-12。

表 3-12 典型剖面理化性状分析化验结果

土层厚度（厘米）	有机质（%）	全氮（%）	全磷（%）	pH	碳酸钙（%）	代换量（me/百克土）	机械组成（%）		质地
							>0.01（毫米）	<0.001（毫米）	
0～5	2.49	0.128	0.067	8.3	9.47	10.18	—	—	沙壤
5～23	1.19	0.064	0.064	8.4	10.34	6.13	—	—	沙壤
23～44	1.33	0.064	0.064	8.4	9.86	5.42	—	—	轻壤
44～66	1.32	0.080	0.063	8.4	9.74	6.64	—	—	沙壤偏轻
66～85	0.59	0.037	0.060	8.5	11.13	6.89	—	—	沙壤偏轻
85～108	0.44	0.032	0.067	8.5	11.89	8.65	—	—	沙壤偏轻

4. 灰褐土性土 广泛分布在海拔为 1 400 米以下的黄土丘陵区，大部分为农田所占用，耕作历史悠久，残存自然植被稀疏，以旱生草本为主。

灰褐土性土水土流失极为严重，沟壑纵横，支离破碎。由于侵蚀堆积频繁，使得土壤成土过程很不稳定，土体发育微弱，母质体征尤为明显，同时母质类型繁多，这样土壤分布较为复杂。总面积为 989 923 亩。

根据划分土属的依据，灰褐土性土可划分为以下土属。

（1）灰褐土性土：总面积为 381 811 亩。

分布于黄土丘陵区梁、峁、沟壑上，以旱生草本植物为主的弃耕荒地，是在黄土母质上发育的土壤。土层较厚，土性软绵，土体干燥，颜色以灰棕为主，呈碎块状或块状结构，质地以轻壤为主，发育层次过渡极不明显，母质特征十分明显，全剖面碳酸钙含量高，多为 12%～19%，呈丝状淀积于中、下部，土壤养分含量低，表层有机质含量多在 1%以下，有的土体中含有砂姜。

兹将典型剖面描述如下：

剖面所在地：武家庄镇武家庄村流土塌一带的坡地上，生长着茵陈蒿、狗尾草等草本植物，并有稀疏的酸枣、胡枝子等灌木生长。

0～1 厘米，为枯枝落叶层。

1～12 厘米，浅灰棕褐色，质地沙质轻壤，屑粒状结构，疏松多孔，植物根系多，石灰反应强。

12～36厘米，浅灰棕褐色，质地沙质轻壤，碎块状结构，土体较紧、孔隙、根系多，石灰反应强烈。

36～55厘米，浅灰棕褐色，质地沙质轻壤，碎块—块状结构，土体较紧，孔隙、根系较多，石灰反应强烈。

55～84厘米，浅灰棕色，质地沙质轻壤，块状结构，土体紧实，孔隙、根系少，石灰反应强烈。

84～150厘米，浅灰棕色，质地沙质轻壤，块状结构，土体紧实，孔隙、根系较少，石灰反应强烈。

典型剖面理化性状见表3-13。

表3-13 典型剖面理化性状分析化验结果

土层厚度（厘米）	有机质（％）	全氮（％）	全磷（％）	pH	碳酸钙（％）	代换量（me/百克土）	机械组成（％）		质地
							>0.01（毫米）	<0.001（毫米）	
1～12	0.485	0.044	0.055	8.3	9.71	6.61	72.2	7.4	沙质轻壤
12～36	0.44	0.028	0.050	8.5	9.26	9.78	72.5	6.4	沙质轻壤
36～55	0.29	0.017	0.057	8.3	8.96	—	72.5	7.4	沙质轻壤
55～84	0.23	0.014	0.054	8.5	9.34	—	75.7	6.4	沙质轻壤
84～150	0.24	0.027	0.055	8.4	8.21	—	90.7	3.4	沙质轻壤

根据有无砂姜划分为：

灰褐土性土，典型土种。

含砂姜灰褐土性土，土体中含有5％以上的砂姜，明显易见。

（2）耕种灰褐土性土：总面积为467 491亩。

广泛分布在梁、峁、沟壑上，耕作历史悠久。为黄土母质上直接受人为影响熟化的土壤，是本县分布最广、面积最大的农业土壤。但由于侵蚀强烈，特别是坡耕地的表土层被冲刷，使土壤发育常处于幼年阶段。受人为影响，土体上部形成了耕作层和耕作历史悠久、地块平坦的梯田，已形成了一层5～10厘米的犁底层，其下部土体发育与耕种土壤基本相似。只有假菌丝体出现部位较低于非耕种土壤，其肥力普遍低劣，是农业产量不稳定，有的土体中含有程度不同的砂姜、砾石。

兹将典型剖面描述如下：

剖面所在地：宁乡镇城南居委雷家沟村凤凰山西坡的梯田地。

0～13厘米，浅灰褐色，质地轻壤，屑粒状结构，疏松多孔，根系多，有少量的虫孔虫粪，石灰反应强烈。

13～20厘米，灰棕褐色，质地沙质轻壤，块状结构，土体紧实，孔隙少，植物根系多，有较多的虫孔虫粪

20～43厘米，灰棕色，质地沙质轻壤，碎块状结构，土体稍紧，孔隙、根系较多，有少量的虫孔虫粪，石灰反应强烈。

43～94厘米，浅灰棕色，质地沙质轻壤，块状结构，土体紧实，孔隙、根系少，石

灰反应强烈。

94～150厘米，浅灰棕色，质地沙质轻壤，块状结构，土体紧实，孔隙根系少，石灰反应强烈。

典型剖面理化性状见表3-14。

表3-14　典型剖面理化性状分析化验结果

土层厚度（厘米）	有机质（%）	全　氮（%）	全　磷（%）	pH	碳酸钙（%）	代换量（me/百克土）	机械组成（%）		质　地
							>0.01（毫米）	<0.001（毫米）	
0～13	1.43	0.099	0.057	8.3	9.24	8.46	68.1	11.5	轻　壤
13～20	1.04	0.050	0.054	8.4	9.31	8.11	66.5	14.7	沙质轻壤
20～43	0.60	0.054	0.056	8.5	9.1	7.47	66.4	14.5	沙质轻壤
43～94	0.30	0.032	0.056	8.5	9.76	—	66.1	15.2	沙质轻壤
94～150	0.39	0.032	0.055	8.45	9.91	—	65.0	13.7	沙质轻壤

根据砂姜、砾石含量划分为：

①耕种灰褐土性土，典型土种。

②耕种少砂姜灰褐土性土，土体中含有5%～10%的砂姜，一定程度上影响土壤肥力和作物生产。

③耕种多砂姜灰褐土性土，土体中哈有30%左右的砂姜，其肥力明显受到影响，作物产量较低。

④耕种少砾石灰褐土性土，分布接近沟谷底部，土体中含有5%～10%的砾石，一定程度上影响到土壤耕性。

（3）红黄土质灰褐土性土：总面积为37 097亩。

分布于侵蚀较严重的黄土丘陵坡地上，是第四纪红黄土母质（包括砾石、午城黄土）上发育的土壤。土壤颜色较深，质地为中壤—重壤，土体较为坚实，多含有砂姜，土体发育微弱，过渡层次极不清晰，土壤肥力较低。

兹将典型剖面描述如下：

剖面所在地：苏村郭家山村侵蚀严重的沟谷地带，生长狗尾草、蒿类等草本植物，覆盖较差。

0～14厘米，灰红棕色，质地重壤，碎块状结构，土体稍松，孔隙少，植物根系较多，石灰反应较强。

14～50厘米，灰红棕色，质地重壤，块状结构，土体紧实，孔隙、根系少，石灰反应较强。

50～90厘米，红棕色，质地重壤，块状结构，土体紧实，孔隙少。无植物根系，石灰反应较强。

90～150厘米，红棕色，质地重壤，块状结构，土体紧实，孔隙少，无植物根系，石灰反应较强。

典型剖面理化性状见表3-15。

表 3 - 15　典型剖面理化性状分析化验结果

土层厚度（厘米）	有机质（%）	全 氮（%）	全 磷（%）	pH	碳酸钙（%）	代换量（me/百克土）	机械组成（%）		质 地
							>0.01（毫米）	<0.001（毫米）	
0～14	0.50	0.059	0.055	8.1	6.77	16.54	35.0	4.2	重 壤
14～50	0.38	0.039	0.049 5	8.3	5.94	18.89	37.7	11.0	重 壤
50～90	0.38	0.019	0.054	8.4	7.75	—	35.0	21.7	重 壤
90—150	0.11	0.008	0.073	8.5	8.58	—	40.1	17.2	重 壤

根据其土体构型、砂姜含量划分为：

①红黄土质灰褐土性土，典型土种。

②少砂姜红黄土质灰褐土性土，土体中含有 5%～10% 的砂姜。

③砂姜底红黄土质灰褐土性土，土体底部（1 米以下）有一层砂姜。

④黏底红土质灰褐土性土，土体底部（1 米以下）为第三纪的保德红土，上部有微弱的石灰反应，下部无石灰反应，并有铁锰胶膜。

⑤少砂姜红土质灰褐土性土，是第四纪最早形成的土壤，土体有微弱石灰反应或无石灰反应，含有 5%～10% 的砂姜，并有铁锰胶膜。

（4）耕种红黄土质灰褐土性土：总面积为 5 565 亩。

分布于黄土丘陵侵蚀严重的坡耕地上，是第四纪红黄土母质经人工耕作熟化的土壤。发育不明显，除耕层较疏松外，其下通体较紧实，土壤颜色较深，多以棕色为主。有的土体含有数量不等的砂姜，土壤养分较低，表层有机质含量多为 0.5%～0.8%，耕作较困难，保水保肥能力强，但由于常受侵蚀，农作物产量低而品质好。

兹将典型剖面描述如下：

剖面所在地：张子山乡张子山村疙瘩上一带，一年一作，豆类亩产 50 千克左右。

0～25 厘米，质地中壤，屑粒状结构，土体紧实，孔隙、根系较多，土体中含有少量砂姜，石灰反应强。

25～45 厘米，红棕色，质地重壤，碎块状结构，土体紧实，孔隙、根系较多，土体中含有少量砂姜，石灰反应强。

45～70 厘米，棕灰色，质地重壤，块状结构，土体紧实，孔隙、根系少，土体中含有少量砂姜，石灰反应较强。

70～110 厘米，棕灰白色，质地中壤偏重，块状结构，土体坚实，孔隙少。无植物根系，含有少量砂姜，石灰反应较强。

110～150 厘米，红棕色，质地重壤，块状结构，土体坚实，孔隙时候，无植物根系，含有少量的砂姜，石灰反应较强。

典型剖面理化性状见表 3 - 16。

根据有无砂姜含量划分为：

①耕种红黄土质灰褐土性土，典型土种。

②耕种少砂姜红黄土质灰褐土性土，土体中含有 5%～10% 的砂姜。

表 3-16　典型剖面理化性状分析化验结果

土层厚度 （厘米）	有机质 （%）	全氮 （%）	全磷 （%）	pH	碳酸钙 （%）	代换量 （me/百克土）	机械组成（%）		质　地
							>0.01 （毫米）	<0.001 （毫米）	
0～25	0.40	0.030	0.049	8.5	13.34	9.42	—	—	中　壤
25～45	0.24	0.026	0.036	8.3	5.30	12.69	—	—	重　壤
45～70	0.20	0.023	0.048	8.4	8.79	11.68	—	—	重　壤
70～110	0.23	0.027	0.061	8.5	10.54	9.67	—	—	中偏重
110～150	0.21	0.033	0.046	8.5	10.73	11.94	—	—	重　壤

（5）石灰岩质灰褐土性土：总面积为 10 370 亩。

分布在海拔 1 300 米以下的石质丘陵地区，一般生长柏树和一些灌木，覆盖较好，可达 50%，是岩石风化形成的土壤。土层较薄，发育不良，局部地区有极薄的腐殖质层，通常全剖面都有石灰反应。

该类型的土壤，其他岩石上均有类似情况，但由于本县初露的花岗片麻岩、石英砂岩不易风化，半风化物仅是些岩石碎块，故统归粗骨性灰褐土性土土属内，不再划分。

根据其特征，划分为石灰岩质灰褐土性土 1 个土种。

兹将典型剖面描述如下：

剖面所在地：宁乡镇韩尾沟松树梁一带的石质丘陵地，生长着一些小松柏树，覆盖度达 50%。

0～10 厘米，灰褐色，质地沙质轻壤，屑粒状结构，疏松多孔，植物根系较多，石灰反应强烈。

10～40 厘米，灰棕褐白色，质地沙质轻壤，屑粒状结构，疏松多孔，植物根系较多，石灰反应强烈。

40～60 厘米，浅灰褐白色，质地沙质轻壤，屑粒状结构，土体稍紧，孔隙较多，植物根系少，石灰反应强。

60 厘米以下为母岩。

典型剖面理化性状见表 3-17。

表 3-17　典型剖面理化性状分析化验结果

土层厚度 （厘米）	有机质 （%）	全　氮 （%）	全　磷 （%）	pH	碳酸钙 （%）	代换量 （me/百克土）	机械组成（%）		质　地
							>0.01 （毫米）	<0.001 （毫米）	
0～10	2.84	0.176	0.045	8.1	7.91	11.89	73.1	11.0	沙质轻壤
10～40	3.08	0.196	0.036	8.0	19.95	15.64	48.2	20.9	沙质轻壤
40～60	1.94	0.106	0.047	8.0	31.63	—	25.7	17.2	沙质轻壤

（6）粗骨性灰褐土性土：总面积 35 880 亩。

分布在石质丘陵和土石丘陵区，植被较为稀疏，土壤侵蚀严重，有的则是在侵蚀作用下，黄土下层基岩裸露地表。土层极薄，多在 10 厘米左右，而且含有岩石碎块，土质很粗，故土壤发育很差，其养分含量低，有机质为 0.3%～0.6%。

兹将典型剖面描述如下：

剖面所在地：宁乡镇桃花峁土石丘陵地带，生长着蒿类等草本植被，石灰岩上风化的土壤。

0～8 厘米，灰棕褐色，质地沙壤，碎块状结构，土体较紧，孔隙、根系较多，石灰反应强烈。

8～31 厘米，灰白色，岩石风化的砾石土，砾石含量在 70% 以上，土体坚实，石灰反应强烈。

31 厘米以下为母岩。

典型剖面理化性状见表 3-18。

表 3-18 典型剖面理化性状分析化验结果

土层厚度（厘米）	有机质（%）	全氮（%）	全磷（%）	pH	碳酸钙（%）	代换量（me/百克土）	机械组成（%）		质 地
							>0.01（毫米）	<0.001（毫米）	
0～8	0.98	0.067	0.050	8.1	13.10	10.25	67.2	8.9	沙 壤
8～31	1.19	0.049	0.047	8.2	28.24	10.81	49.4	9.8	—

根据其土壤发育特征划分为：

①花岗片麻岩质粗骨性灰褐土性土，土体是岩石风化物碎块组成的砾石土，石裂内生长着较茂密的小松柏树。

②石英砂岩质粗骨性灰褐土性土，全剖面碳酸钙含量高，多为 12%～19%，表层有机质含量多为 1% 以上。

③坡积黄土粗骨性灰褐土性土，坡积物土壤中砾石含量达 30% 以上，土层较薄，一般在 20 厘米厚黄土中就夹有砾石，以下均为砾石土。

④石灰岩质粗骨性灰褐土性土，土体中含有石灰岩风化物的碎块。

⑤泥灰岩质粗骨性灰褐土性土，是第三纪白黏土上发育的土壤，土体中砾石含量 30% 以上。

⑥坡积砂页岩质粗骨性灰褐土性土，是坡积黄土与砂页岩碎屑混杂堆积的土壤，土体中砾石含量达 30% 以上。

（7）埋藏黑垆土型灰褐土性土：总面积 2 039 亩。

零星分布与黄土丘陵沟壑及分水鞍部，土壤的形成是因上部覆盖黄土部分或全部侵蚀掉，使得埋藏黑垆土裸露。经人为耕作后，将表层黄土与黑垆土掺和，故颜色较淡，土体中下部有明显的丝状及糯状碳酸钙淀积，耕层多是屑粒状结构，以下均为块状结构，质地以轻壤为主，其潜在养分含量较高，黑垆土层厚度不一，之下为黄土母质层。

兹将典型剖面描述如下：

剖面所在地：张家庄村冯家庄村砖窑塔坪上。

0～11 厘米，灰棕褐色，质地轻壤，屑粒状结构，疏松多孔，植物根系多，石灰反应强。

11～21 厘米，深灰棕褐色，质地轻壤，块状结构，土体较紧，孔隙、根系较多，有少量的假菌丝体，石灰反应微弱。

21～43 厘米，灰棕黑色，质地轻壤，块状结构，土体紧实，孔隙少，根系较多，有少量的假菌丝体淀积，石灰反应微弱。

43～58 厘米，灰棕褐色，质地轻壤，块状结构，紧实，孔隙少，根系多，有较多的假菌丝体淀积，除假菌丝体外，无石灰反应。

58～95 厘米，灰棕黑色，质地轻壤，块状结构，紧实，孔隙根系少，有较多的假菌丝体淀积，除假菌丝体外，无石灰反应。

95～109 厘米，灰棕褐色，质地轻壤，块状结构，土体坚实，孔隙、根系少，有较多的假菌丝体淀积，除假菌丝体外，无石灰反应。

109～136 厘米，灰棕褐色，质地轻壤，块状结构，土体坚实，孔隙、根系少，有较多的假菌丝体淀积，除假菌丝体外，无石灰反应。

136～158 厘米，灰棕褐色，质地轻壤，块状结构，土体坚实，孔隙、根系少，有较多的假菌丝体淀积，石灰反应强烈。

158～170 厘米，棕褐色，质地轻壤，块状结构，土体坚实，孔隙，根系少，有较多的假菌丝体淀积，石灰反应强烈。

典型剖面理化性状见表 3-19。

表 3-19　典型剖面理化性状分析化验结果

土层厚度（厘米）	有机质（%）	全氮（%）	全磷（%）	pH	碳酸钙（%）	代换量（me/百克土）	机械组成（%）		质　地
							>0.01（毫米）	<0.001（毫米）	
0～11	0.87	0.070	0.061	8.5	3.35	2.94	73.1	16.4	轻　壤
11～21	1.64	0.120	0.057	8.4	10.19	2.95	72.4	7.0	轻　壤
21～43	0.83	0.053	0.060	8.4	8.38	4.85	69.5	16.0	轻　壤
43～58	0.73	0.053	0.057	—	—	—	69.8	16.8	轻　壤
58～95	0.87	0.058	0.059	—	—	—	69.5	17.2	轻　壤
95～109	0.34	0.039	0.056	—	—	—	74.8	14.5	轻　壤
109～136	0.51	0.036	0.063	—	—	—	70.5	15.3	轻　壤

根据其特征，埋藏黑垆土型灰褐土性土划分为：

①耕种埋藏黑垆土型灰褐土性土，黑垆土层深度不等，埋藏于黄土之下，只有局部地区裸露地面。

②耕种厚层黑垆土型灰褐土性土，黑垆土已裸露地表，其厚度＞80 厘米才出现黄土母质。

③耕种薄层黑垆土型灰褐土性土，黑垆土已裸露地表，其厚度为＜30 厘米即出现黄土母质。

（8）坡积物灰褐土性土：总面积为 2 421 亩。

零星分布于黄土丘陵沟坡下部，是由上部岩石风化物与黄土或红黄土崩裂、塌陷堆积而成的一种土壤。因此，层次紊乱，质地不均，颜色杂乱，有的含有较多的砂姜，养分含量很低。

兹将典型剖面描述如下：

剖面所在地：暖泉镇宣化庄沟坡地上，现栽种了一部分苗圃。

0～20厘米，灰棕褐色，质地沙质轻壤，屑粒状结构，疏松多孔，植物根系多，石灰反应强。

20～50厘米，灰棕褐色，质地轻壤，块状结构，紧实，孔隙、根系较多，有少量的砾石碎块，石灰反应强烈。

50～70厘米，深灰棕褐色，质地轻壤，块状结构，土体紧实，孔隙少，根系较多，有少量的砾石碎块，石灰反应强烈。

70～88厘米，深灰棕褐色，质地沙壤，块状结构，土体坚实，孔隙少，根系较多，有少量的砾石碎块，石灰反应强烈。

88～100厘米，深灰棕褐色，质地沙质轻壤，块状结构，土体紧实，孔隙、根系少，有少量的砾石碎块，石灰反应强烈。

100～150厘米，深灰棕褐色，质地沙质轻壤，块状结构，土体坚实，孔隙、根系少，有少量砾石碎块，石灰反应强烈。

典型剖面理化性状见表3-20。

表3-20 典型剖面理化性状分析化验结果

土层厚度（厘米）	有机质（%）	全氮（%）	全磷（%）	pH	碳酸钙（%）	代换量（me/百克土）	机械组成（%）		质地
							＞0.01（毫米）	＜0.001（毫米）	
0～20	0.67	0.045	0.074	8.35	6.55	9.50	67.6	11.2	沙质轻壤
20～50	0.50	0.034	0.068	8.4	7.08	10.27	68.9	12.8	轻壤
50～70	0.31	0.032	0.072	8.3	6.85	—	66.1	7.2	轻壤
70～88	0.31	0.032	0.084	8.3	6.78	—	65.7	6.8	沙壤
88～100	0.31	0.031	0.086	8.4	6.48	—	67.6	7.2	沙质轻壤
100～150	0.36	0.024	0.094	8.4	6.48	—	65.7	7.2	沙质轻壤

根据砂姜、砾石含量划分为：

①坡积物灰褐土性土：典型土种。

②少砂姜坡积物灰褐土性土，土体中含有5%～10%的砂姜。

③少砾石坡积物灰褐土性土，土体中含有5%～10%的砾石。

④多砾石坡积物灰褐土性土，土体中含有10%～30%的砾石。

（9）耕种坡积物灰褐土性土：总面积为7486亩。

所处部位和形成过程与坡积物灰褐土性土完全相同，只是受到人为耕作的影响，土壤活土层较厚，孔隙适中，矿化物质作用较强，故土壤养分含量略低于坡积物灰褐土性土。

兹将典型剖面描述如下：

剖面所在地：张子山乡苏村齐家山刘家塔沟坪地上，一年一作，亩产玉米100千克。

0～15厘米，灰棕褐色，质地重壤，屑粒状结构，疏松多孔，植物根系多，石灰反应强烈。

15～38 厘米，灰棕褐色，质地重壤，块状结构，土体稍紧，孔隙、根系较多，石灰反应强烈。

38～57 厘米，灰褐色，质地轻壤，碎块状结构，土体稍紧，孔隙、根系较多，石灰反应强烈。

57～104 厘米，浅灰棕褐色，质地轻壤，块状结构，土体紧实，孔隙、根系较少，石灰反应强烈。

104～150 厘米，浅灰棕褐色，质地轻壤，块状结构，土体紧实，孔隙少，无植物根系，石灰反应强烈。

典型剖面理化性状见表 3-21。

表 3-21　典型剖面理化性状分析化验结果

土层厚度（厘米）	有机质（％）	全　氮（％）	全　磷（％）	pH	碳酸钙（％）	代换量（me/百克土）	机械组成（％）		质　地
							>0.01（毫米）	<0.001（毫米）	
0～15	0.53	0.048	0.049	7.9	9.17	6.64	53.0	12.5	中　壤
15～38	0.48	0.043	0.049 5	8.0	9.10	5.02	53.0	10.9	中　壤
38～57	0.47	0.042	0.049 5	8.1	9.17	—	61.5	7.4	轻　壤
57～104	0.33	0.031	0.054	8.0	10.68	—	65.8	6.6	轻　壤
104—150	0.31	0.028	0.056	8.1	9.25	—	67.8	6.6	轻　壤

根据其坡积物质不同及有无砂姜含量划分为以下土种：

①耕种坡积物灰褐土性土，典型土种，是第四纪红黄土土壤而成的坡积。

②耕种少砂姜坡积物灰褐土性土，土体中含有 5％～10％的砂姜，是第四纪黄土坡积而成的土壤。

③耕种少砂姜坡积红黄土质灰褐土性土，土体中含有 5％～10％的砂姜，是第四纪红黄土坡积而成的土壤。

④耕种少砂姜坡积红黏土质灰褐土性土，土体中含有 5％～10％的砂姜，是第三纪弄黏土坡积而成的土壤，

（10）红黏土质灰褐土性土：总面积为 9 062 亩。

分布在黄土丘陵侵蚀严重的切沟底部，是第四纪黄土及红黄土侵蚀后，第三纪的红黏土裸露发育的土壤。其颜色鲜艳，质地黏重，一般为重壤—黏土，结构紧实严密，通透性能极为不良，剖面上有明显的铁锰胶膜，除表层有微弱的石灰反应外，全剖面均无石灰反应。

兹将典型剖面描述如下：

剖面所在地：吴家峁村树则岭羊道上一带侵蚀严重的切沟底部，生长着稀疏的草本植被。

0～19 厘米，暗棕红色，质地黏土，碎块状结构，土体紧实，孔隙、根系较多，铁锰胶膜明显，无石灰反应。

19～40厘米，棕红色，质地黏土，核状结构明显，紧实，孔隙少，植物根系较多，铁锰胶膜明显。

40～81厘米，棕红色，质地黏土，核状结构，坚实，孔隙、根系少，铁锰胶膜明显。

81～126厘米，棕红色，质地黏土，核状结构，坚实，孔隙、根系少，铁锰胶膜明显。

126～150厘米，棕红色，质地黏土，核状结构，坚实，孔隙少，无植物根系，铁锰胶膜明显，土体夹有少量砂姜。

典型剖面理化性状见表3-22。

表3-22 典型剖面理化性状分析化验结果

土层厚度（厘米）	有机质（%）	全 氮（%）	全 磷（%）	pH	碳酸钙（%）	代换量（me/百克土）	机械组成（%）		质 地
							>0.01（毫米）	<0.001（毫米）	
0～19	0.30	0.034	0.028	8.3	—	18.25	25.1	37.0	黏 土
19～40	0.40	0.025	0.027	8.3	—	23.57	26.5	12.1	黏 土
40～81	0.32	0.029	0.025	8.3	—	—	29.1	31.1	黏 土
81～126	0.35	0.04	0.026	8.2	—	—	22.1	40.5	黏 土
126～150	0.34	0.026	0.034	8.4	13.82	—	35.3	13.3	黏 土

根据砂姜含量划分为：

①红黏土质灰褐土性土，典型土种。

多砂姜红黏土质灰褐土性土，土体中含有10%以上的砂姜。

②耕种少砂姜黏土质灰褐土性土，由于面积较小，只有一个剖面发现，故不加土属划分，土体中含有5%～10%的砂姜。

（11）沟淤灰褐土性土：分布于黄土丘陵地区侵蚀沟谷中，多由山洪淤积后，因河流下切而退出的高台地，或人工闸沟打坝。将降水时大量携带沟谷两侧的黄土、红黄土等洪水截拦逐年淤积而成的幼年土壤，面积为12 542亩。

该类土壤，由于洪积母质类型不同，历次淤积时水量、流速不等，使得土壤质地、颜色、土体构型有所差异，故层次较为明显。

兹将典型剖面描述如下：

剖面所在地：武家庄镇禾柏峁沟坪地上，一年一作，亩产可达150～200千克。

0～13厘米，灰棕褐色，质地中壤，屑粒状结构，疏松多孔，植物根系多，土体中含有少量砂姜，石灰反应强。

13～41厘米，灰棕褐色，质地中壤，块状结构，土体坚实，孔隙、根系较多，含有少量砂姜，石灰反应强。

41～70厘米，灰棕褐色，质地中壤，块状结构，土体坚实，孔隙、根系较多，含有少量砂姜及虫孔虫粪，石灰反应较强。

70～90厘米，棕灰褐色，质地中壤，块状结构，土体紧实，孔隙、根系少，含有少量虫孔虫粪，石灰反应强。

90～114 厘米，灰棕褐色，质地轻壤，块状结构，土体紧实，孔隙、根系少，石灰反应强。

114～150 厘米，浅灰棕褐色，质地轻壤，块状结构，紧实，孔隙少，无植物根系，石灰反应较强。

典型剖面理化性状见表 3-23。

表 3-23　典型剖面理化性状分析化验结果

| 土层厚度（厘米） | 有机质（%） | 全 氮（%） | 全 磷（%） | pH | 碳酸钙（%） | 代换量（me/百克土） | 机械组成（%） | | 质 地 |
							>0.01（毫米）	<0.001（毫米）	
0～13	0.47	0.050	0.055	8.5	10.99	12.03	43.1	10.0	中 壤
13～41	0.40	0.053	0.051	8.4	11.82	9.14	58.0	14.7	中 壤
41～70	0.48	0.028	0.055	8.3	11.37	—	60.5	9.6	中 壤
70～90	0.35	0.028	0.056	8.4	11.60	—	61.8	7.2	中 壤
90～114	0.25	0.027	0.051	8.35	10.99	—	62.2	7.2	中 壤
114～150	0.33	0.031	0.052	8.3	12.73	—	61.8	10.4	轻 壤

本土壤划分为：

①耕种黄土质沟淤灰褐土性土，黄土淤积形成的土壤。

②耕种少沙黄土质沟淤灰褐土性土，黄土淤积的土壤，土体内含有 5%～10% 的砂姜。

③耕种卵石底黄土质沟淤灰褐土性土，黄土淤积的土壤，土层厚度一般 80 厘米左右，其下为卵石层。

④耕种卵石底少砂姜红黄土质沟淤灰褐土性土，红黄土淤积的土壤，土体内含有 5%～10% 的砂姜，土层厚为 60～80 厘米，其下为卵石层。

⑤耕种五花沟淤灰褐土性土，是红黄土，黄土和红黏土混合淤积的土壤。

⑥耕种底沙黄土质沟淤灰褐土性土，黄土淤积的土壤，一般土层厚度在 60～80 厘米，其下为粗沙层。

⑦耕种多砾石五花沟淤灰褐土性土，是黄土、红黄土或红黏土混合淤积的土壤，土体中含有 10% 以上的砾石碎块。

⑧耕种多砂姜黄土质沟淤灰褐土性土，黄土淤积的土壤，土壤中含有 10% 以上的砂姜。

⑨耕种少砂姜五花沟淤灰褐土性土，是黄土、红黄土或红黏土混合淤积的土壤，土体中含有 5%～10% 以上的砂姜。

⑩耕种卵石底少砾石五花沟淤灰褐土性土，是黄土、红黄土或黏土混合淤积的土壤，土体中含有 5%～10% 以上的砾石碎块，一般土层厚度在 1 米左右，其下为卵石层。

⑪耕种黏底五花沟淤灰褐土性土，人工闸沟打坝后，大量的洪水泥土汇集于此，而形成了一次静水沉积，故土壤底部质地较细。

⑫耕种腰黏五花沟淤灰褐土性土，土壤形成的过程中，曾经有一次静水沉积，使土体

上部夹有一层（20～50厘米）质地较重的土层，托肥、保肥、保水能力强。

⑬耕种少砾石黄土质沟淤灰褐土性土，黄土淤积的土壤，土体内有5%～10%的砾石碎块。

（12）川黄土：总面积为7 821亩。

分布于南川河下游河流两侧的高台上，地形为平坦，基本属于上微受侵蚀，下不受地下水影响，是黄土状物质形成的土壤，上下质地较为均匀，土性软绵，在季节性降水淋溶作用下，土体中、下部有微弱的黏化现象和多量的假菌丝体淀积。

兹将典型剖面描述如下：

剖面所在地：金罗镇东合村、海拔940米的河侧高台上，一年一作，亩产玉米500千克左右。

其剖面特征：

土色通体为棕褐色。

质地通体为沙质轻壤。

结构除表层为屑粒状结构，土壤疏松外，其下多为块状结构，土体较为紧实，孔隙较少。

通体石灰反应强烈，36～108厘米内有较多的假菌丝体淀积及少量的虫孔虫粪。

典型剖面理化性状见表3-24。

表3-24 典型剖面理化性状分析化验结果

土层厚度（厘米）	有机质（%）	全 氮（%）	全 磷（%）	pH	碳酸钙（%）	代换量（me/百克土）	机械组成（%）		质 地
							>0.01（毫米）	<0.001（毫米）	
0～22	0.69	0.067	0.056	7.8	8.96	7.8	70.5	10.4	沙质轻壤
22～36	0.48	0.042	0.052	8.1	9.04	7.61	70.5	10.4	沙质轻壤
36～74	0.39	0.031	0.049	8.2	9.39	—	68.9	13.9	沙质轻壤
74～108	0.38	0.022	0.050	8.3	10.99	—	63.6	10.4	沙质轻壤
108～150	0.35	0.030	0.052	8.0	7.91	—	70.2	12.4	沙质轻壤

根据划分土种依据可分为：

①川黄土，典型土种。

②砾石底川黄土，一般土层厚度在1米左右，其下为卵石或砾石层。

（13）洪积物川黄土：呈极小面积分布于川谷阶地于较大沟谷出口处的交界地方，土壤形成过程中，既受到河流的影响，同时也受到沟谷洪水的冲击，故土壤中含有沟谷内岩石风化物的碎屑，根据其特征划分为多砾石洪积物川黄土1个土种，面积为343亩。

兹将典型剖面描述如下：

剖面所在地：金罗镇水峪村瓦窑坡一带的川谷阶地上，一年一作，亩产玉米350多千克。

0～16厘米，浅灰棕褐色，质地轻壤，屑粒状结构，疏松多孔，植物根系多，土体中含有较多的砾石碎块，石灰反应强。

16～49厘米，浅灰棕色，质地轻壤，块状结构，土体稍紧，孔隙、根系较多，土体中含有较多的砾石碎块，石灰反应强。

49～67厘米，灰棕褐色，质地沙质轻壤，块状结构，紧实，孔隙、根系少，含有较多的砾石碎块，石灰反应强。

67～105厘米，灰棕褐色，质地沙壤，块状结构，紧实，孔隙、根系少，含有较多的砾石碎块，石灰反应强。

105～150厘米，灰棕褐色，质地沙壤，块状结构，紧实，孔隙、根系少，含有较多的砾石碎块，石灰反应强。

典型剖面理化性状见表3-25。

表3-25 典型剖面理化性状分析化验结果

土层厚度 （厘米）	有机质 （％）	全 氮 （％）	全 磷 （％）	pH	碳酸钙 （％）	质 地
0～16	1.07	0.078	0.054	8.0	—	轻 壤
16～49	0.76	0.048	0.053	8.0	—	轻 壤
49～67	0.46	0.034	0.042	8.3	—	沙质轻壤
67～105	0.43	0.024	0.044	8.6	—	沙 壤
105～150	0.29	0.022	0.039	8.5	—	沙 壤

（三）草甸土

中阳县南川河河流两岸的一级阶地和河漫滩地形较开阔平坦，受近代河流洪积冲积的影响，沉积物质错综复杂，层次明显，质地差异较大。

在成土过程中两侧山地上部，大气自然补给降水后，地下潜水均向川谷汇集，并在汛期来水时，河水大量渗漏地下，使河漫滩和一级阶地有较高的地下水位。土壤地下水位埋藏深度多为1.5～2.5米，地下水活动直接参与成土过程。季节性干旱与降水情况下，地下水升降频繁，加剧了土壤中干湿交替作用的进行，使土壤中氧化还原过程交替发生，而促进了土壤中物质的溶解、移动和积聚。特别是铁，湿时还原移动增强，干时氧化积聚显著，在剖面中沿结构面或孔隙壁形成了铁锈斑纹，这是草甸化过程的基本特征。

中阳县南川河中上游河流两岸的一级阶地和河漫滩，由于近代河流下切，地势抬高，水文地质条件改变。地下水急剧下降，整个土壤表现出草甸化过程减弱、灰褐土化过程增强趋势。土壤层次质地差异较大，润层较深，剖面中氧化还原残留特征也很不明显，成土过程已由草甸化向灰褐土化过渡，形成了灰褐土化浅色草甸土亚类。

南川河下游两岸局部洼地，两侧山脉地下水与河流补给的客水聚合，使地下水位提高，造成潜水流动不畅，地下水位经常保持在1米左右，随气候干湿季节的变化，可溶性的盐分随水而上，水分蒸发，盐留地表，呈斑状白色盐霜分布。目前这类土壤，部分已改种水稻，产量较种植旱作物稳而高，同时也解除了盐害之忧。

分布在南川河两岸的川谷阶地上，为中阳县优良的农业土壤。它是受生物气候影响较小，地下水直接参与土壤形成的一种隐域性土壤，它有独特的成土过程和剖面特征，既不是处于淋溶过程，也不是像沼泽土一样完全处于还原过程的半水成性土壤，土壤水分状况主要靠地下水和土壤毛细管的不断供给，从而奠定了该土壤对农业生产具有较好的使用价值基础。

草甸土在成土过程中，受近代河流洪积、冲积物的影响，土层厚度不一，土体质地差异较大，冲积层次明显，土壤底部均为卵石、沙、沙石层。

草甸土在季节性干旱和降水的过程中，地下水位上下移动，使底土层经常处于氧化还原过程中，土体中有明显的铁锈斑纹，在降水后，土壤蒸发强烈，地下水则不断通过毛细管上升到地面，土壤可溶性物质，随水而上，这是草甸土的基本特征。

中阳县草甸土在成土过程中个，由于地形的影响和水文的变化，有的已脱离地下水向灰褐土化成土过程过渡，有的地方由于地形低洼，地下水流动较为不畅，矿化度较高，在早春干旱蒸发条件下，可溶性盐随毛细管上升地表，形成了盐渍化土壤。根据其特征划分为：灰褐土化浅色草甸土、浅色草甸土、盐化浅色草甸土3个亚类。

1. 灰褐土化浅色草甸土　主要分布在朱家店至段家庄河流两岸的一级阶地及河漫滩，成土母质为近代河流洪积、冲积物，层次十分明显，但由于冲积层下伏基岩为石灰岩于砂页岩相接的断层处，河谷潜水大量下漏，特别是近代河流下切作用强烈，使得地下水急速下降，而使土壤基本脱离了地下水的影响，向黄绵化成土过程发展。本亚类只划分灰潮土1个土属，面积为3 714亩。

兹将典型剖面描述如下：

剖面所在地：中阳县良种场一带的河漫滩及一级阶地上，地名为四十亩地，地下水位12米以上。

0～18厘米，灰褐色，质地沙壤，屑粒状结构，疏松多孔，植物根系多，石灰反应强烈。

18～37厘米，浅灰棕褐色，质地沙壤，碎块状结构，土体较紧实，植物根系多，有大量砾石碎块，石灰反应强烈。

37～88厘米，浅灰棕褐色，质地沙壤，块状结构，土体紧实，孔隙、根系少，有少量的砾石碎块，石灰反应强烈。

88～100厘米，灰褐色，质地沙土，单粒状结构，土体紧实，根系少，有少量的砾石碎块，石灰反应较强。

100—150厘米，浅灰棕褐色，质地沙质轻壤，碎块状结构，土体紧实，根系少，有少量砾石碎块，石灰反应较强。

典型剖面理化性状见表3-26。

表3-26　典型剖面理化性状分析化验结果

土层厚度（厘米）	有机质（%）	全氮（%）	全磷（%）	pH	碳酸钙（%）	代换量（me/百克土）	机械组成（%）		质 地
							>0.01（毫米）	<0.001（毫米）	
0～18	1.35	0.089	0.054	7.8	7.26	9.91	75.4	14.1	沙 壤
18～37	0.52	0.039	0.053	8.1	7.99	8.58	76.1	11.8	沙 壤

（续）

土层厚度（厘米）	有机质（%）	全 氮（%）	全 磷（%）	pH	碳酸钙（%）	代换量（me/百克土）	机械组成（%）		质 地
							>0.01（毫米）	<0.001（毫米）	
37～88	0.34	0.031	0.052	8.3	8.94	—	74.3	11.8	沙 壤
88～100	0.25	0.028	0.045	8.3	8.94	—	86.1	14.3	沙 土
100～150	0.23	0.022	0.047	8.3	8.03	—	80.1	11.5	沙质轻壤

（1）中阳县灰褐土化浅色草甸土具有以下形态特征：

①土层厚薄一般都在 1.5 米以上，沉积层十分明显。表层质地为沙壤—轻壤，其下变化不一，有的土体中含数量不等的砾石。

②表层多为屑粒状结构，心土层、底土层随质地差异有所不同。

③由于近代脱水，土体无明显的发育层次，通体干湿度为润，下部也不呈明显过湿状态，但有的可发现残存铁锈斑纹，土体也无黏粒下移和碳酸钙淀积。

（2）根据其土体构型，熟化程度，可划分为以下土种：

①壤质灰潮土。土层较深厚，通体质地为轻壤—中壤。

②卵石底壤质灰潮土。土层在 60 厘米左右，质地为轻壤，底部为卵、砾石层。

③少砾石壤质灰潮土。质地为沙土—沙壤，通体含有 10% 以下砾石碎块。

④黏底沙质灰潮土。表层质地沙土—沙壤，59 厘米以下质地为中壤—重壤。

⑤沙质菜园灰潮土。是多年种植蔬菜作物，人为培肥的土壤，有机质含量已达 2%～3%，质地通体为沙土—沙壤。

⑥壤底沙质菜园灰潮土。是多年种植蔬菜作物，有机质已达 2% 左右，60 厘米以上质地为沙土—沙壤，60 厘米以下质地为轻壤—重壤。

2. 浅色草甸土　浅色草甸土分布在南川河下游河流两岸的河漫滩和一级阶地上，是草甸土土类中颜色较浅而无盐化的一种土壤，地下水位在 2.5 米以内。

中阳县浅色草甸土的成本母质为洪积—冲积物，地下水位重碳酸根的淡水，其次为硫酸根和氯根，地下水流动畅通，成土过程受地下土水的强烈影响，使得土壤经常处于氧化还原过程，因而是水分条件较好的土壤。

兹将典型剖面描述如下：

剖面所在地：金罗镇朱家店村唐垯底，地下水位 2.5 米，海拔为 945 米。

0～21 厘米，灰棕褐色，质地沙质轻壤，屑粒状结构，疏松多孔，植物根系多，干湿度为润，石灰反应强烈。

21～58 厘米，浅灰棕褐色，质地沙质轻壤，块状结构，土体紧实，中量孔隙，中量根系，干湿度为润，石灰反应较强。

58～103 厘米，浅灰棕褐色，质地沙质轻壤，碎块状结构，土体稍紧，孔隙较上层多，根系少，干湿度为润，有少量铁锈斑纹，石灰反应强烈。

103～120 厘米浅灰棕褐色，质地沙质轻壤，块状结构，土体紧实，孔隙少、无植物根系，干湿度为潮，有少量铁锈斑纹，石灰反应较强。

120～150 厘米，灰棕褐色，质地沙壤，块状结构，土体紧实，孔隙少，无植物根系，干湿度为潮，石灰反应强烈。

典型剖面理化性状见表3-27。

表3-27　典型剖面理化性状分析化验结果

土层厚度（厘米）	有机质（%）	全氮（%）	全磷（%）	pH	碳酸钙（%）	代换量（me/百克土）	机械组成（%）		质地
							>0.01（毫米）	<0.001（毫米）	
0～21	1.64	0.087	0.002	8.1	9.19	8.39	73.2	12.4	沙质轻壤
21～58	0.54	0.059	0.055	8.1	9.86	8.28	68.9	10.4	沙质轻壤
58～103	0.47	0.036	0.057	8.1	11.37	—	98.3	6.4	沙质轻壤
103～120	0.47	0.039	0.055	8.4	10.34	—	63.3	6.4	沙　壤
120～150	0.57	0.048	0.055	8.3	11.37	—	69.9	6.4	沙　壤

中阳县浅色草甸土具有以下形态特征：

①由于受局部地形影响，其厚度不一，但多在1米以上，底部均为沙、卵、砾石层。

②表层质地都在沙壤—轻壤之间，土体层次十分明显，其质地变化多异，有的土体中含有数量不等的砾石。

③表土层呈屑粒状结构，以下随质地不同，结构有明显的差异。

④地下水位为1～2.5米，随地下水位不同，土体中、下部有明显的铁锈斑纹。

根据不同的母质及土壤表层指导及划分为河沙土、人工堆叠潮土、沟淤潮土3个土属。

（1）河沙土：总面积6 425亩。为本亚类主要土壤，除一级阶地外，河漫滩及大沟谷的套湾地上均有分布。

河沙土表层质地为沙土—沙壤，而大多属于沙壤，沙粒的矿物组成主要为适应、长石等矿物，不易风化。硅、铁、铝比率高，土粒的面积小，因而持水量也小，蓄水保肥能力差，矿化过程强烈，有机质不易积累而迅速分解。因此，水、肥、气、热自然处于矛盾之中。

根据河沙土土层厚度、土体构型、人为作用的影响及土壤肥力、生产性能的差异性，划分为以下几个土种。

①河沙土，典型土种，土层深厚。

②水稻河沙土，属于人工定向培育的土壤。因种植水稻年限不长，土体发育不具备水稻土的剖面特征，但常受水浸，腐殖化过程增强。土体上部11厘米左右就出现了较多的铁锈斑纹，颜色灰暗，表层有机质可达1.86%，以下无明显的发育层次。

③少砾石河沙土，通体土壤内有10%以下的砾石碎块。

④腰壤河沙土，土壤表层为沙壤，土体50厘米以下，出现有中壤偏重的壤土层，有托水托肥之效。

⑤卵石底河沙土，土体下部为卵、砾石层。

（2）人工堆叠潮土：总面积为772亩。

零星分布在东川河较宽的河漫滩部位上，是经历多年人工推动、水土冲淤而成的土壤，使土壤无发育特征，而幼年特征十分明显，土层较薄，一般在50厘米左右，质地为沙壤—轻壤，土壤底部均为卵、砾石层，其熟化程度不佳，养分含量低。

据此本属划分为卵石底人工堆叠潮土1个土种。

兹将典型剖面描述如下：

剖面所在地：宁乡镇柏家峪中滩上，1976年河滩新造土地，一年一作，玉米亩产125千克。

0～20厘米，浅灰棕褐色，质地沙质轻壤，屑粒状结构，疏松多孔，植物根系多，石灰反应强。

20～50厘米，浅灰棕褐色，质地沙质轻壤，碎块状结构，紧实，中量孔隙，根系少，石灰反应强。

50厘米以下为砾石层。

典型剖面理化性状见表3-28。

表3-28　典型剖面理化性状分析化验结果

土层厚度（厘米）	有机质（%）	全氮（%）	全磷（%）	pH	碳酸钙（%）	代换量（me/百克土）	机械组成（%）		质　地
							>0.01（毫米）	<0.001（毫米）	
0～20	0.80	0.055	0.058	8.0	9.64	8.42	64.9	12.9	沙质轻壤
20～50	0.60	0.070	0.048	8.2	8.13	6.85	69.6	12.9	沙质轻壤

（3）沟淤潮土：主要分布于高家沟水库下部的坝地上，是经人工拦截打坝后，沟坡裸露的黏土、红黄土、黄土被雨水冲刷而淤积的土壤，面积为116亩。

土壤形成是，雨量不同，淤漫的土壤粗细不等，形成的土层质地不一，层次明显。

在成土过程中，由于坝内集中的水分不易跑掉，土壤经常处于湿润状态，加之沟谷上部水库长期积水，水分不断下渗，下部的坝地仍受地下水的影响，故土壤底部出现有少量的铁锈斑纹。根据其表层质地、土体构型划分为耕种黏底沟淤壤质潮土1个土种。

兹将典型剖面描述如下：

0～17厘米，灰棕褐色，质地轻壤，屑粒状结构，疏松多孔，植物根系多，干湿度为润，石灰反应强。

17～39厘米，浅灰棕褐色，质地轻壤，块状结构，紧实，中量孔隙，植物根系少，干湿度为湿，石灰反应较强。

39～65厘米，浅灰棕褐色，质地轻壤，块状结构，土体紧实，孔隙、根系少，干湿度为湿，石灰反应微弱。

65～89厘米，棕灰色，质地中壤偏重，块状结构，紧实，孔隙、根系少，干湿度为湿，石灰反应微弱。

89～121厘米，棕灰色，质地中壤偏重，块状结构，紧实，孔隙、根系少，干湿度为湿，石灰反应极微弱，有少量的铁锈斑纹。

121～150厘米，棕灰褐色，质地中壤，块状结构，紧实，孔隙少，无植物根系，石灰反应微弱，有少量的铁锈斑纹。

典型剖面理化性状见表3-29。

3. 盐化浅色草甸土　呈小面积零星分布与南川河两侧局部洼地，由于地势低洼，两侧山脉地下潜水聚积，使地下水位提高。当河流客水补给时，顶托作用明显，使得流水不畅，地下水经常保持在1米左右，在春季干旱强烈蒸发下，土壤毛细管活动强烈，可溶性的盐随水而上，当水分被蒸发后，盐分便留于地表。

表 3-29　典型剖面理化性状分析化验结果

土层厚度 （厘米）	有机质 （%）	全 氮 （%）	全 磷 （%）	pH	代换量 （me/百克土）	质 地
0～17	0.47	0.042	0.052	8.3	10.8	轻 壤
17～39	0.23	0.022	0.051	8.4	8.25	轻 壤
39～65	0.27	0.020	0.053	8.5	—	轻 壤
65～89	0.36	0.022	0.058	8.3	—	中偏重
89～121	0.42	0.042	0.060	8.4	—	中偏重
121～150	0.26	0.032	0.053	8.4	—	中 壤

根据分析结果和野外调查，中阳县盐化土壤呈斑状分布的白毛盐霜累积地表，含盐量较高，使作物缺苗一至三成。本亚类划分为硫酸盐盐化潮土1个土属，面积为110亩。

兹将典型剖面描述如下：

剖面所在地：金罗镇西合村东滩上，面积5亩左右，海拔900米，1981年5月19日调查，地下水位1米左右，7月15日调查，作物缺苗三成左右。

0～13厘米，灰棕褐色，表层有斑状的白色盐霜，质地沙质轻壤，屑粒状结构，疏松多孔，根系多，干湿度为润。

13～35厘米，灰棕褐色，质地沙壤，屑粒—碎块状结构，较为疏松，中量孔隙，根系较多，干湿度为润，有少量的炉灰渣。

35～58厘米，棕灰色，质地中壤偏重，块状结构，紧实，孔隙少，干湿度为潮湿。

58～84厘米，灰棕褐色，质地沙质轻壤，块状结构，紧实，孔隙少，干湿度为潮湿，有少量的铁锈斑纹。

84～137厘米，浅灰棕褐色，质地沙质轻壤，块状结构，紧实，孔隙、根系少，干湿度为潮湿。

137～150厘米，浅灰棕褐色，质地沙质轻壤，块状结构，紧实，孔隙、根系少，干湿度为潮湿。有少量的铁锈斑纹，通体石灰反应强烈。

典型剖面理化性状见表3-30。

表 3-30　典型剖面理化性状分析化验结果

土层厚度 （厘米）	有机质 （%）	全 氮 （%）	全 磷 （%）	pH	碳酸钙 （%）	代换量 （me/百克土）	机械组成（%）		质 地
							>0.01 （毫米）	<0.001 （毫米）	
0～13	0.41	0.025	0.055	8.3	8.73	7.08	67.7	5.4	沙质轻壤
13～35	0.21	0.011	0.052	8.4	9.86	6.73	80.7	9.2	沙 壤
35～58	0.33	0.014	0.052	8.1	9.26	—	66.9	10.7	中壤偏重
58～84	0.34	0.028	0.053	8.1	7.68	—	77.1	8.8	沙质轻壤
84～137	0.31	0.027	0.051	8.3	7.98	—	74.6	6.4	沙质轻壤
137～150	0.31	0.010	0.056	8.3	10.62	—	72.9	11.4	沙质轻壤

从典型剖面中可以看出，盐化土壤具有潮土的形态特征，但由于地下水位较高，氧化还原过程经常在上部进行，使得土体表层在春季时盐分累积地表，抑制作物生长，在雨季时盐分虽被淋洗，但地下水位高，使土壤经常处于过湿状态，有效养分含量低，这是盐化土壤低产的原因。

（四）褐土

棋盘山以东与孝义县接壤的石板上一带，其气候特点与孝义县大同小异，在大陆性季风气候的影响下，腊寒暑热，冬干夏湿，干湿季节明显，湿季与高温季节恰好糅合，使土壤具有一定的淋溶作用。表现在土体的可溶性盐类与游离石灰均有不同程度的淋失，物理性黏粒及部分腐殖质随降水淋溶聚积于心土层，使心土层呈暗棕色、棱块状结、孔隙壁及结构面上附着不明显的暗色黏质胶膜，土壤呈中性至微碱性反应。由于蒸发大于降水，使得淋溶作用不能充分进行，随毛管水的上升可溶性物质积累于心土层，逐年淀积形成了明显的碳酸盐—假菌丝体。这就是中阳县褐土形成过程的基本特点。

主要分布在中阳县棋盘山以东，石板上的土石山地上，由于此地与孝义交界，气候基本倾向于孝义县。气温、降水量稍高，蒸发量略低，无霜期较长，自然覆盖较好，风沙较小，土壤侵蚀较轻，故土壤发育较好，淋溶淀积作用较强。发育层次较为明显，剖面中不同程度的黏化层和钙积层，土质均匀土体除表层常为屑粒状外，一般均为块状—棱块状结构，一般均具有不同程度的石灰反应—盐基饱和，全剖面呈微碱性反应。

根据其成土特点划分为山地褐土 1 个亚类：

山地褐土　分布在棋盘山以东的土石山地上，植被以醋柳、山桃、山杏等灌木为主，总面积为 50 037 亩。

兹将典型剖面描述如下：

剖面所在地：刘家坪村石板上村前的山麓黄土母质上，海拔 1 450 米，生长着少量的山桃、醋柳、马茹等灌木及白羊草等植被。

0～11 厘米，灰棕褐色，其表层有少量枯枝叶层，质地轻壤偏轻，屑粒和不稳定的团粒结构，疏松多孔，植物根系很多。

11～30 厘米，灰棕褐色，质地轻壤偏轻，块状结构，有少量屑粒状结构，根系较多，土体稍紧，沿根系孔隙有黏粒下移现象。

30～52 厘米，深灰棕褐色，质地轻壤，碎块状结构，土体较紧，孔隙少，有淋溶迹象。

52～71 厘米，浅灰棕褐色，质地轻壤偏轻，块状结构，土体紧实，孔隙少，有少量假菌丝体。

71～100 厘米，灰棕色，质地轻壤偏轻，块状结构，紧实，孔隙少，假菌丝体很多，并有少量的砂姜。

100～130 厘米，浅灰棕色，质地轻壤偏轻，块状结构，紧实，有少量的假菌丝体淀积。

由于黄土富含有碳酸钙，通体石灰反应强烈。

典型剖面理化性状见表 3-31。

表 3-31　典型剖面理化性状分析化验结果

土层厚度（厘米）	有机质（%）	全　氮（%）	全　磷（%）	pH	碳酸钙（%）	代换量（me/百克土）	机械组成（%）		质　地
							>0.01（毫米）	<0.001（毫米）	
0～11	3.6	0.214	0.078	8.2	0.62	11.79	74.6	10.7	轻壤偏轻
11～30	1.55	0.106	0.073	8.35	2.57	11.3	70.7	13.1	轻壤偏轻
30～52	1.19	0.117	0.071	8.4	3.52	10.62	69.8	13.1	轻　壤
52～71	0.92	0.095	0.065	8.5	4.22	—	70.1	13.1	轻壤偏轻
71～100	0.42	0.036	0.056	8.7	6.17	—	71.0	7.2	轻壤偏轻
100～130	0.29	0.022	0.055	8.55	10.94	—	72.9	7.2	轻壤偏轻

（1）根据山地褐土发育的母质类型不同，划分为以下土属：

①花岗片麻岩质山地褐土：分布在棋盘山东侧的山脊上，发育于酸性母岩，故土壤石灰反应较弱，面积为 2 438 亩。

②石英砂岩质山地褐土：分布在棋盘山东侧及石板上村南的山坡上，发育于酸性母质，故土壤石灰反应较弱，面积为 27 732 亩。

③石灰岩质山地褐土：分布在与孝义交界洞上沟的土石山地上，面积为 16 375 亩。

④黄土质山地褐土：分布在沟谷两侧的山麓黄土残丘上，面积为 1 531 亩。离村较近，已为当地耕种土壤。根据人为影响与否，划分为耕种少砂姜黄土质山地褐土和黄土质山地褐土 2 个土种。

⑤黄土质沟淤山地褐土：分布在石板上村周围的沟坪地上，是侵蚀洪积堆积而发育的土壤。为本地区重要粮田，面积为 1 961 亩。

（2）中阳县山地褐土具有以下特征：

①发育在岩石山的土壤：土层薄，表层有极薄的枯枝落叶，之下有 10～15 厘米腐殖质层，有机质多为 4%～7%，土壤石灰反应较弱。

②发育在黄土母质上的土壤：土层深厚，表层有极少量的枯枝落叶，之下的腐殖质层不明显，心土层有碳酸钙淀积的假菌丝体，沿根系孔隙有黏粒下移现象，有机质含量为 1.5%～3.6%。

③沟淤土壤为近代形成，因此土体的发育层次不明显，有机质含量为 0.7%～1%。

二、土壤分布规律概述

中阳县地形复杂，海拔高度差异较大，土壤的分布既受垂直生物气候条件的影响（垂直地带性分布规律），也受纬度带生物气候条件的影响（水平地带性分布规律），同时在长期的人为耕作的影响下，土壤分布显得较为复杂。

中阳县土壤类型分布以下按山地垂直带谱土壤、地带性土壤、隐域性土壤，概述如下：

（一）山地垂直带谱土壤

主要分布在石质山及土石山地区，为中阳县的天然次生林地带。

山地生草棕壤亚类，面积为 10 352 亩，分布在海拔 1 900 米以上的上顶山、土湾脑子山顶的平台及缓坡外，是在草本和草灌植被下发育的土壤。

山地棕壤亚类，面积为 12 385 亩，分布在海拔 1 900 米以上的起云山、木狐台等石质山地，在针叶林和针阔叶混交林植被下发育的土壤。

（二）地带性土壤

主要分布在黄土丘陵区、土石山地区及石质山地，为中阳县的重要农业土壤。

既有山地垂直带谱发育特征，又具有灰褐土性土特征的淋溶灰褐土亚类，面积为 199 565 亩，广泛分布在海拔 1 700～1 900 米的石质山地上。是垂直地带性分布规律具体影响下的土壤类型，同时又受到地带性分布规律的影响发育的土壤。

具有灰褐土土类发育特征的山地灰褐土亚类，面积为 846 129 亩，广泛分布在海拔 1 400～1 700 米（低者可达 1 350 米）的土石山上地。

具有褐土土类发育特征的山地褐土亚类，面积为 50 037 亩，主要分布在吕梁山脊以东（刘家坪石板上一带）。

坡度较陡，植被不良的地方，多分布有粗骨性土壤，其阳坡处甚多。

以上土壤类型均属地带性分布规律具体影响下的土壤类型，但同时也受到垂直带谱影响。

具有典型地带性土壤灰褐土性土亚类，面积为 989 923 亩，广泛分布在黄土丘陵地区，均属侵蚀规程相土壤。由于所处地形部位不同、成土母质不同、土壤的利用情况不同。因此，土壤类型也多变，但是呈一定规律分布。其土属一级土壤分布规律是：耕种灰褐土性土几乎遍及梁峁沟坡上，面积最大；灰褐土性土一般分布在陡坡离村较远的地方；粗骨性灰褐土性土及岩石风化的灰褐土性土分布在石质丘陵区；各种母质类型的沟淤灰褐土性土均分布在沟坪地上；红黄土质灰褐土性土多分布在侵蚀严重的沟壑上；红黏土质灰褐土性土主要分布在侵蚀严重的切沟底部；埋藏黑垆土型灰褐土性土往往分布在沟壑及分水岭的鞍部；坡积物灰褐土性土只分布在悬崖及陡坡底部，一般呈小面积分布；川黄土分布在川谷阶地上；洪积物川黄土零星分布在川谷阶地与较大沟谷出口交界处。

（三）隐域性土壤

主要分布在南川河下游河流两岸的河漫滩和一级阶地上，为中阳县的优良农业土壤。

浅色草甸土亚类，面积为 7 313 亩，分布在河漫滩和一级阶地上；盐化浅色草甸土亚类，面积为 110 亩，零星分布于浅色草甸土地段，与浅色草甸土混存；灰褐土化浅色草甸土亚类，面积为 3 714 亩，分布在南川河中上游河流两岸较窄的谷阶地上。由于近代河流下切或微地形变化，地下水急剧下降，土体发育由草甸化向灰褐土化过渡。

三、土壤分类的依据及有关说明

（一）土壤分类的依据

按全国第二次土壤普查规定要求（土壤分类采用了五级分类制：即土类、亚类、土属、土种、变种），根据不同土壤具有一定的发生演变过程、地理分布规律、基本形态特征、物理化学性状、潜在生产能力、土壤肥力特点及改良利用方向上，某种内在的联系和某些类似的属性特点，结合本县的普查情况，找出了各类土壤之间的共性和特殊性，将千差万别的土壤分门别类，按系统进行归纳，以便进一步认识土壤，掌握土壤，有效地改良土壤，提供一定的科学依据。县级分类系统暂划分到土种一级，现将各级的分类依据解述如下：

1. 土类 土类是土壤高级分类的基本单元，它是在一定的综合的自然条件和人为作用下，只有一个主导的或一个以上联合性的成土过程。是根据成土条件、成土过程及由此产生特定的土壤属性、发生层次、发展方向划分的：

①土壤发生类型与生物气候相吻合，在生物气候条件作用下，使土壤属性起了根本性的变化。

②在自然因素作用下，土壤具有一定特征的成土过程，土壤物质的移动与转化规律是相似的，具有本土壤诊断层次和剖面特征。

③由于特殊的水文地质条件，地下河参与形成的隐域性土壤，具有本土壤的剖面形态特征。

④由于成土条件和成土过程综合影响，同土类内有相似的肥力特征，相一致的改良利用方向，不同土类之间有质的差别。

2. 亚类 亚类是土类范围内的进一步划分，它的划分依据是：

①在主导的成土过程和综合自然条件下，由于地方性因子等附加的成土过程的作用，使的同一土类内产生了不同的发育阶段。因此，亚类之间剖面形态互有差异。

②不同土类之间的过渡类型，即是在主导的成土过程中，同时又产生了附加的或次要的成土过程，属于过渡性土壤。

③同一亚类的生物气候特点、水热条件、剖面结构、土壤属性更趋一致，与因地制宜确定改良利用途径有密切的关系。

3. 土属 土属在分类上具有承上启下的特点，也是土种共性的归纳，是反应成土过程中，在地方性、区域性因素的影响下，使总的成土过程产生的区域性、地方性的变异和特征的。同一土属的特质组成、水分状况、剖面发生层次大体相同，改良利用的方向性措施是一致的。主要根据成土母质类型、水文状况、土壤侵蚀与堆积所引起的变化或次要成土过程划分的。

4. 中阳县划分土层的主要依据有

（1）花岗片麻岩类残积—坡积物：包括有太古界花岗岩、花岗片麻岩、混合片麻岩、片麻岩等，在分类上统归花岗片麻岩质，主要分布于苏村公社禅房以南到城关乡松洞沟、陈家湾一带。

（2）砂页岩质残积—坡积物：有寒武系砂岩、页岩、砂页岩及二叠系砂页岩等，在分类上统归为砂页岩质，主要分布在起云山、暖泉沟、下枣林、苏村沟以及南川河东岸。

（3）石英砂岩类残积：坡积物：包括有寒武系石英砂岩、元古界石英岩、石英砂岩状砂岩等，主要分布在木狐台东侧、上顶山西部、起云山脚下部一带的山地上。

（4）碳酸盐类残积—坡积物：包括有寒武系泥灰岩、白云岩、灰岩、条带状灰岩、奥陶系石灰岩、泥灰岩、白云岩、钙质岩，在分类上统归为石灰岩质。主要分布在车鸣峪沟、太平山、柏家峪、段家庄、木狐台两侧、八道军山东侧等一带山地上及南川河西岸。

（5）黄土坡积物：零星分布于黄土丘陵地区的沟坡上，由侵蚀形成"喀斯特"地形和裂缝滑坡等。将上部黄土、红黄土崩裂或塌陷堆积而形成的土壤，堆积杂乱，无发育层次。

（6）黄土母质：为第四季的马兰黄土，是黄土丘陵地区主要的土壤母质类型。

（7）红黄土母质：为第四季红色黄土，包括午城黄土、离石黄土，分布在黄土丘陵侵蚀严重的沟壑地段。

（8）黄土状物质：为第四季洪积黄土物质，主要分布在南川河下游的川谷高台地上。

（9）红黏土母质：为第三季保德红土，露出于黄土丘陵地区侵蚀严重的切沟底部。

（10）古土壤：黄土丘陵沟壑及山梁鞍部的埋藏黑垆土，有的局部裸露。

（11）洪积物：主要分布于较大的沟谷峪口处的洪积堆上，多含有砾石。

（12）洪积—冲积物：分布于南川河的河漫滩和一级阶地上，母质来源主要为南川河冲积物和两侧沟谷的洪积物。

（13）人工堆垫母质：是新的母质类型，土层厚度大于 30 厘米，而且产生了新的成土过程，作为土属一级划分。

（14）沟淤土壤母质：丘陵山区沟淤土壤是侵蚀堆积而成的，其理化性状有新的特征，故作为母质类型在土属一级划分。

（15）盐化土壤：以积盐类型作为划分土属依据。

（16）同一母质类型而产生不同的成土过程，按不同的土属加以划分。

（17）丘陵地区在不同母质类型上的自然土壤，均作为土属一级划分。

5. 土种　土种是基层分类单元，主要反应土壤发育程度，它是在相同母质的基础上，在区域性和地方性因素的具体影响下，土壤只有相似的发育程度，剖面层次排列（厚度、质地、结构、pH 等性状）基本相似，不同土种之间表现为量的差异，同一土种具有相一致的改良利用具体措施。

6. 划分土种的主要依据为

（1）土壤质地：采用卡庆斯基分类制，分沙土、沙壤、轻壤、中壤、重壤、黏土 6 级。在整理汇总时，同一土属内，土种以沙、壤、黏质三级划分，原则上沙质包括沙土—沙壤，壤质包括轻壤—中壤，黏质包括重壤—黏土。全剖面均为相同质地，按表层地处理。

（2）土体构型：土体构型划分土种，以表层质地为主，将其土体间层质地相关二级以上的，对土壤起主要作用的层次为间层，质地相差一级的按均质处理。间层厚度和出现的部位作为划分土种的依据。

（3）土体间层的指标为：薄层 10～20 厘米，中层 20～50 厘米，厚层大于 50 厘米，夹层中小于 10 厘米的不作考虑，但相距很近，连续出现重叠层次的薄间层，其累积厚度超过 20 厘米作为中厚考虑，超过 50 厘米作为厚层考虑。

（4）间层层位的划分指标为：离地表深度 20～50 厘米为浅位，大于 50 厘米为深位。根据以上指标，土体构型划分为 4 种。

①浅位薄层的夹层称"夹"。

②浅位中层的夹层称"腰"。

③浅位厚层的夹层称"体"。

④深位中厚层的夹层称"底"。

（5）土层厚度：划分土种指标分为三级：薄层小于 30 厘米，中层 30～80 厘米，厚层大于 80 厘米。

（6）砂姜含量：黄土、红黄土母质中砂姜（指大小不等的石灰结核）是影响作物生长、土壤肥力和耕作的障碍性物质。其划分指标：

①耕种土壤：砂姜含量只划分 2 级：大于 5％而少于 10％为少砂姜；大于 10％为多砂姜。

②自然土壤：只反应有无砂姜含量，大于 5％含量的划分土种加以反映。

（7）砾石含量：含有砾石的土壤划分指标为：砾石含量大于 5％而少于 10％为少砾石，含量大于 10％为多砾石，通体大于 30％以上为粗骨性土壤。

（8）盐化：根据盐化程度对作物生长的影响和表层盐分情况：

轻度。作物缺苗三成以下，表层有白层盐霜，呈斑纹状分布。

中度。作物缺苗三至五成，表层有盐积皮，但不明显。

重度。作物缺苗五成以上，表层有盐积皮。

（9）山地耕种土壤：黄土质山地灰褐土内耕种土壤，大多属于轮休种植，而无独立的剖面发育特征，在相应的土属内以土种单元划分。

（10）特殊层次：土体中的砾石层、砂姜层、古土壤层等特殊层次，均按间层位加以反映，划分土种。

（11）自然土壤：主要根据本土壤发育程度及土层厚度划分的，如石质丘陵的土壤，具有母岩类型发育特征的土壤和发育不良的粗骨性土壤之分。

（二）土壤命名

土类是反映地带分布的特点，为了便于汇总交流，命名均采用发生学名称。

亚类：命名均采用发生学名称及土类作名词，前面冠以附加成土过程作形容词的排列组合命名。

土属：均采用连续命名法，自然土壤命名是以亚类作名词，前面冠以划分土属依据的母质类型作为形容词的排列组合进行命名；耕种土壤命名是在自然土壤名称前面加以"耕种"两字，川谷地区由于是本县主要农耕地，土壤绝大多数都已耕种，故采用与自然土壤相应概念的耕种土壤名称命名的；盐化土壤的命名是以积盐类型排列组合进行命名。

土种命名亦为连续命名法。

自然土壤命名是根据土壤发育程度以土属名称衍生土种名称，发育于黄土母质上土壤土层厚度不同，故在土属名称前加以土层厚度命名的。

耕种土壤命名是在土属名称前加以"耕种"两字以划分土种依据的土壤质地、土体构型、砂姜含量、砾石含量、土体中特殊层次出现部位的排列组合命名的。

四、土壤分类系统

中阳县土壤分类系统，是在野外详查的基础上，经室内评土比土、分析化验后，根据

《山西土壤工作分类》而确定的。全县土壤可拟为四大土类、10个亚类、46个土属、100个土种。见表3-32。

表3-32　中阳县土壤分类系统表（1981年）

土类	亚类	土　属	土　种	典型剖面		土种代号
				剖面号	采集地点	
山地棕壤	山地棕壤	石英砂岩质山地棕壤	石英砂岩质山地棕壤	△₂	城关：木狐台	1
		石灰岩质山地棕壤	石灰岩质山地棕壤	补△₄	枝柯：秋　峪	2
		砂页岩质山地棕壤	砂页岩质山地棕壤	△₂₅	苏村：禅　房	3
		花岗片麻岩质山地棕壤	花岗片麻岩质山地棕壤	△₆	枝柯：会　湾	4
	山地生草棕壤	石英砂岩质山地生草棕壤	石英砂岩质山地生草棕壤	△₃	刘家坪：乔　子	5
		石灰岩质山地生草棕壤	石灰岩质山地生草棕壤	踏△₈	刘家坪：上顶山	6
		黄土质山地生草棕壤	黄土质山地生草棕壤	△₁	暖　泉：前岔沟土湾脑子	7
灰褐土	淋溶灰褐土	花岗片麻岩质淋溶灰褐土	花岗片麻岩质淋溶灰褐土	△₂₁	刘家坪：刘家坪	8
		石灰岩质淋溶灰褐土	石灰岩质淋溶灰褐土	△₄	刘家坪：河　底	9
		石英砂岩质淋溶灰褐土	石英砂岩质淋溶灰褐土	△₆	刘家坪：凤　尾	10
		黄土质淋溶灰褐土	黄土质淋溶灰褐土	△₈	刘家坪：弓　阳	11
	山地灰褐土	花岗片麻岩质山地灰褐土	花岗片麻岩质山地灰褐土	△₆	城关：柳　沟	12
		黄土质山地灰褐土	中厚层黄土质山地灰褐土	△₇	张子山：神树峁	13
			薄层黄土质山地灰褐土	△₄	枝柯：阎家峪	14
			少砂姜黄土质山地灰褐土	△₄	枝柯：福　岭	15
			耕种黄土质山地灰褐土	△₁ △₈	刘家坪：塔　上 枝柯：獐　鸣	16
		石灰岩质山地灰褐土	石灰岩质山地灰褐土	△₂	城关：车鸣峪	17
		石英砂岩质山地灰褐土	石英砂岩质山地灰褐土	△₅	暖泉：前岔沟	18
		红黏土质山地灰褐土	耕种少砂姜红黏土质山地灰褐土	△₂	枝柯：康家塔	19
		坡积物山地灰褐土	耕种坡积物山地灰褐土	△₂	枝柯：会　湾	20
		埋藏黑土层黄土质山地灰褐土	耕种埋藏黑土层沟淤黄土质山地灰褐土	△₂	刘家坪：肉牛场	21
			耕种埋藏黑土层黄土质山地灰褐土	△₁₃	刘家坪：前师峪	22
		耕种沟淤山地灰褐土	耕种沟淤山地灰褐土	△₅	刘家坪：弓　阳	23
			耕种砾石底沟淤山地灰褐土	△₁	刘家坪：乔　子	24
			耕种底沙沟淤山地灰褐土	△₁	刘家坪：大　营	25
			耕种少砾石沟淤山地灰褐土	△₁	枝柯：会　湾	26
		粗骨性山地灰褐土	花岗片麻岩质粗骨性山地灰褐土	△₃	刘家坪：塔　上	27
		红土质山地灰褐土	耕种红土质山地灰褐土	△₃	枝柯：南大井	28

（续）

土类	亚类	土 属	土 种	典型剖面		土种代号
				剖面号	采 集 地 点	
灰褐土	灰褐土性土	灰褐土	黄土质灰褐土	补△₁	枝 柯：沿落沟	29
		灰褐土性土	灰褐土性土	△₂₉	武家庄：武家庄	30
			含砂姜灰褐土性土	△₅	城 关：万年饱	31
		耕种灰褐土性土	耕种灰褐土性土	踏△₂	张子山：前王岭社 城 关：雷家沟	32
			耕种少砂姜灰褐土性土	△₁₅	张家庄：北 沟	33
			耕种多砂姜灰褐土性土	△₈	暖 泉：冯家圪台	34
			耕种少砾石灰褐土性土	△₃	张家庄：天神庙	35
		红黄土质灰褐土性土	红黄土质灰褐土性土	△₁₅	苏 村：郭家山	36
			少砂姜红黄土质灰褐土性土	△₃	苏 村：熊熊山	37
			砂姜底红黄土质灰褐土性土	△₁₆	吴家峁：上枣林	38
			多砂姜红黄土质灰褐土性土	△₃	下枣林：轩道咀	39
			黏底红黄土质灰褐土性土	△₂	吴家峁：罗家墕	40
			少砂姜红黄土质灰褐土性土	△₃	张家庄：付家岭	41
		耕种红黄土质灰褐土性土	耕种红黄土质灰褐土性土	△₂	金 罗：朱家店	42
			耕种少砂姜红黄土质灰褐土性土	△₃	张子山：张子山	43
		石灰岩质灰褐土性土	石灰岩质灰褐土性土	△₂₁	城 关：韩尾沟	44
		粗骨性灰褐土性土	花岗片麻岩质粗骨性灰褐土性土	△₄	城 关：城家湾	45
			石英砂岩质粗骨性灰褐土性土	△₆	城 关：城家湾	46
			坡积黄土粗骨性灰褐土性土	△₃	下枣林：下枣林	47
			石灰岩质粗骨灰褐土性土	补△₁	城 关：桃花峁	48
			泥灰岩质粗骨灰褐土性土	△₃	下枣林：下枣林	49
			坡积砂岩质粗骨灰褐土性土	△₄	苏 村：苏 村	50
		埋藏黑垆土型灰褐土性土	耕种埋藏黑垆土型灰褐土性土	△₃₇	枝 柯：马家峪	51
			耕种厚层黑垆土型灰褐土性土	△₁₇	张家庄：冯家庄	52
			耕种薄层黑垆土型灰褐土性土	△₃	金 罗：岔 上	53
		坡积物灰褐土性土	坡积物灰褐土性土	△₁₅	张子山：柏树墕	54
			少砂姜坡积物灰褐土性土	△₁₂	苏 村：姚家岭	55
			少砾石坡积物灰褐土性土	△₄	暖 泉：宣化庄	56
			多砾石坡积物灰褐土性土	△₄	下枣林：韩家坡	57

（续）

土类	亚类	土　属	土　种	典型剖面		土种代号
				剖面号	采　集　地　点	
灰褐土	灰褐土性土	耕种坡积物灰褐土性土	耕种坡积物灰褐土性土	△21 △4	苏　村：齐家山 枝　柯：谷罗沟	58
			耕种少砂姜坡积物灰褐土性土	△5	金　罗：东　合	59
			耕种少砂姜坡积红黄土质灰褐土性土	△10	武家庄：阳　塔	60
			耕种少砂姜坡积红黏土质灰褐土性土	△15	枝　柯：沿落沟	61
		红黏土质灰褐土性土	多砂姜红黏土质灰褐土性土	△1	暖　泉：兰家庄	62
			红黏土质灰褐土性土	△6 △2	苏　村：青　蒿 吴家峁：树则岭	63
			耕种少砂姜红黏土质灰褐土性土	△4	张子山：赵家山	64
		沟淤灰褐土性土	耕种黄土质沟淤灰褐土性土	△2	张家庄：庙　梁	65
			耕种少砂姜黄土质沟淤灰褐土性土	△5	武家庄：禾柏峁	66
			耕种卵石底黄土质沟淤灰褐土性土	△21	武家庄：刘家圪垛	67
			耕种卵石底少砂姜黄土质沟淤灰褐土性土	△12	武家庄：上　庄	68
			耕种五花沟淤灰褐土性土	△26 △19	武家庄：武家庄　苏村：沈家峁	69
			耕种底沙黄土质质沟淤灰褐土性土	△3	城　关：柳　沟	70
			耕种多砾石五花沟淤灰褐土性土	△17	武家庄：郝家塌	71
			耕种多砂姜黄土质沟淤灰褐土性土	△2	吴家峁：官道山	72
			耕种少砂姜五花沟淤灰褐土性土	△2	吴家峁：任家塔	73
			耕种卵石底少砾石五花沟淤灰褐土性土	△3	吴家峁：炭窑沟	74
			耕种黏底五花沟淤灰褐土性土	△2	金　罗：沟　底	75
			耕种腰黏五花沟淤灰褐土性土	△2	金　罗：背阴坂	76
			耕种少砾石黄土质沟淤灰褐土性土	△9 △10	下枣林：村家塔 武家庄：枣　坪	77
		川黄土	川黄土	△4	金　罗：东　合	78
			卵石底川黄土	△3	金　罗：寨　则	79
		洪积物川黄土	多砾石洪积物川黄土	△6	金　罗：水　峪	80

（续）

土类	亚类	土 属	土 种	典型剖面		土种代号
				剖面号	采 集 地 点	
草甸土	灰褐土化浅色草甸土	灰潮土	壤质灰潮土	△5	城 关：南 街	81
			卵石底壤质灰潮土	△3	城 关：尚家峪	82
			少砾石沙质灰潮土	△1	县 良 种 场	83
			黏底沙质灰潮土	△3	城 关：南 街	84
			沙质菜园灰潮土	△4	城 关：西 街	85
			壤质沙质菜园灰潮土	△4	城 关：南 街	86
	浅色草甸土	河沙土	河沙土	△5	金 罗：朱家店	87
			水稻河沙土	△3	金 罗：西 合	88
			少砾石河沙土	△1	金 罗：港 里	89
			腰壤河沙土	△2	金 罗：北 坡	90
			卵石底河沙土	△1	城 关：柏家峪	91
		沟淤潮土	耕种黏底沟淤壤质潮土	△6 △2	金 罗：高家沟	92
		人工堆叠潮土	卵石底人工堆叠潮土	△4	城 关：柏家峪	93
	盐化浅色草甸土	硫酸盐盐化潮土	硫酸盐浅位薄黏层轻度盐化潮土	△5	金 罗：西 合	94
褐土	山地褐土	花岗片麻岩山地褐土	花岗片麻岩山地褐土	△12	刘家坪：弓 阳	95
		石灰岩质山地褐土	石灰岩质山地褐土	△17	刘家坪：石板上	96
		石英砂岩质山地褐土	石英砂岩质山地褐土	△15	刘家坪：石板上	97
		黄土质山地褐土	黄土质山地褐土	△15	刘家坪：石板上	98
			耕种少砂姜黄土质山地褐土	△2	刘家坪：石板上	99
		黄土质沟淤山地褐土	耕种砾石底黄土质沟淤山地褐土	△4	刘家坪：石板上	100

第二节　有机质及大量元素

　　土壤大量元素背景值的表达方式以各统计单元养分汇总结果的算术平均值和标准差来表示，分别以单体 N、P_2O_5、K_2O 表示。表示单位：有机质、全氮用克/千克表示，有效磷、速效钾、缓效钾用毫克/千克表示。

　　土壤有机质、全氮、有效磷、速效钾等以《山西省耕地土壤养分含量分级参数表》为标准可分 6 个级别，见表 3-33。

表 3 - 33　山西省耕地地力土壤养分耕地标准

级　别	I	II	III	IV	V	VI
有机质（克/千克）	>25.00	20.01~25.00	15.01~20.00	10.01~15.00	5.01~10.00	≤5.00
全氮（克/千克）	>1.50	1.201~1.50	1.001~1.200	0.701~1.000	0.501~0.700	≤0.50
有效磷（毫克/千克）	>25.00	20.01~25.00	15.1~20.0	10.1~15.0	5.1~10.0	≤5.0
速效钾（毫克/千克）	>250	201~250	151~200	101~150	51~100	≤50
缓效钾（毫克/千克）	>1200	901~1 200	601~900	351~600	151~350	≤150
阳离子代换量(厘摩尔/千克)	>20.00	15.01~20.00	12.01~15.00	10.01~12.00	8.01~10.00	≤8.00
有效铜（毫克/千克）	>2.00	1.51~2.00	1.01~1.51	0.51~1.00	0.21~0.50	≤0.20
有效锰（毫克/千克）	>30.00	20.01~30.00	15.01~20.00	5.01~15.00	1.01~5.00	≤1.00
有效锌（毫克/千克）	>3.00	1.51~3.00	1.01~1.50	0.51~1.00	0.31~0.50	≤0.30
有效铁（毫克/千克）	>20.00	15.01~20.00	10.01~15.00	5.01~10.00	2.51~5.00	≤2.50
有效硼（毫克/千克）	>2.00	1.51~2.00	1.01~1.50	0.51~1.00	0.21~0.50	≤0.20
有效钼（毫克/千克）	>0.30	0.26~0.30	0.21~0.25	0.16~0.20	0.11~0.15	≤0.10
有效硫（毫克/千克）	>200.00	100.1~200	50.1~100.0	25.1~50.0	12.1~25.0	≤12.0
有效硅（毫克/千克）	>250.0	200.1~250.0	150.1~200.0	100.1~150.0	50.1~100.0	≤50.0
交换性钙（克/千克）	>15.00	10.01~15.00	5.01~10.0	1.01~5.00	0.51~1.00	≤0.50
交换性镁（克/千克）	>1.00	0.76~1.00	0.51~0.75	0.31~0.50	0.06~0.30	≤0.05

一、含量与分级

（一）有机质

土壤有机质是土壤肥力的主要物质基础之一，它经过矿质化和腐殖质化两个过程，释放养分供作物吸收利用，有机质含量越高，土壤肥力越高。全县大田耕地耕层土壤有机质含量分类统计，见表 3 - 34。

表 3 - 34　中阳县大田土壤养分有机质和全氮统计

单位：克/千克

类　别		有机质			全氮		
		最大值	最小值	平均值	最大值	最小值	平均值
行政区域	金罗镇	24.30	6.99	14.42	1.31	0.72	0.93
	宁乡镇	25.34	6.99	15.71	1.67	0.66	0.95
	暖泉镇	16.99	3.27	8.26	1.15	0.49	0.80
	武家庄镇	23.31	2.28	10.99	1.61	0.62	0.94
	下枣林乡	19.63	3.27	10.47	1.25	0.66	0.91
	张子山乡	18.97	4.26	9.77	1.19	0.67	0.91
	枝柯镇	26.00	6.99	15.77	1.75	0.67	0.94

（续）

类　别		有机质			全氮		
		最大值	最小值	平均值	最大值	最小值	平均值
土壤类型	潮　土	20.34	6.33	14.31	1.31	0.67	0.91
	粗骨土	21.00	9.30	15.70	1.35	0.76	0.96
	褐　土	22.32	8.64	18.50	1.57	0.86	1.24
	黄绵土	24.30	2.28	10.86	1.75	0.49	0.90
	栗褐土	26.00	2.94	14.17	1.61	0.56	0.91
成土母质	洪积物	16.99	11.33	12.59	0.89	0.84	0.87
	黄土母质	26.00	2.28	11.75	1.75	0.49	0.91
	红土母质	17.32	6.99	10.56	0.95	0.74	0.86
地形部位	低山丘陵坡地	25.34	6.00	14.84	1.57	0.69	0.94
	沟谷地	21.00	4.92	12.82	1.25	0.66	0.91
	丘陵低山中、下部及坡麓平坦地	26.00	2.28	11.21	1.75	0.49	0.90

从表 3-31 中可以看出，中阳县耕地土壤有机质含量变化为 2.28～26.00 克/千克，平均值为 11.74 克/千克，属四级水平。

（1）不同行政区域：枝柯镇和宁乡镇耕层土壤有机质含量最高，平均值为 15.77 克/千克和 15.71 克/千克；其次是金罗镇，平均值为 14.42 克/千克；最低是暖泉镇，平均值为 8.26 克/千克。

（2）不同土壤类型：褐土耕层土壤有机质含量最高，平均值为 18.50 克/千克；其次是粗骨土和潮土，平均值分别为 15.70 克/千克和 14.31 克/千克；黄绵土最低，平均值为 10.86 克/千克。

（3）不同成土母质：洪积物耕层土壤有机质含量最高，平均值为 12.59 克/千克；红土母质最低，平均值为 10.56 克/千克。

（4）不同地形部位：低山丘陵坡地耕层土壤有机质含量最高，为 14.84 克/千克；其次是沟谷地，平均值为 12.82 克/千克；最低是山地、丘陵中下部的缓坡地段，平均值为 11.21 克/千克。

（二）全氮

土壤中全氮的积累，主要来源于动植物残体、肥料、土壤中微生物固定、大气降水带入土壤中的氮，能被植物利用的是无机态氮，占全氮 5%，其余 95% 是有机态氮，有机态氮慢慢矿化后才能被植物利用。全氮和有机质有一定的相关性。

中阳县土壤全氮含量变化范围为 0.49～1.75 克/千克，平均值为 0.91 克/千克，属四级水平（表 3-33）。

（1）不同行政区域：宁乡镇、武家庄乡和枝柯镇耕层土壤全氮含量最高，平均值为 0.95 克/千克、0.94 克/千克和 0.94 克/千克；其次是金罗镇，平均值为 0.93 克/千克；最低是暖泉镇，平均值为 0.80 克/千克。

（2）不同土壤类型：不同土壤类型耕层有机质差异不明显，其中褐土耕层土壤有机质含量最高，平均值为 1.24 克/千克；其次是粗骨土、潮土和栗褐土，平均值分别为 0.96 克/千克、0.91 克/千克和 0.91 克/千克；黄绵土最低，平均值均为 0.90 克/千克。

（3）不同成土母质：不同成土母质之间耕层有机质含量差异也不明显，其中以黄土母质耕层土壤有机质含量最高，平均值为 0.91 克/千克；红土母质最低，平均值为 0.86 克/千克。

（4）不同地形部位：河流一级、二级阶地耕层土壤有机质含量最高，为 0.94 克/千克；其次是沟谷地，平均值为 0.91 克/千克；最低是山地、丘陵中下部的缓坡地段，平均值为 0.90 克/千克。

（三）有效磷

土壤有效磷是作物所需的三要素之一，磷对作物的新陈代谢、能量转换、调节酸碱度都起着很重要的作用，还可以促进作物对氮素的吸收。所以，土壤有效磷含量的高低，决定着作物的产量。全县有效磷含量变化范围为 2.51～23.73 毫克/千克，平均值为 9.72 毫克/千克，属四级水平（表 3-33）。

（1）不同行政区域：金罗镇和枝柯镇耕层土壤速效磷含量最高，平均值为 11.51 毫克/千克和 10.68 毫克/千克；其次是宁乡镇，平均值为 10.64 毫克/千克；最低是暖泉镇，平均值为 8.44 毫克/千克；

（2）不同土壤类型：粗骨土耕层土壤速效磷含量最高，平均值为 12.33 毫克/千克；其次是潮土，平均值为 10.25 毫克/千克；褐土最低，平均值为 8.95 毫克/千克。

（3）不同成土母质：黄土母质耕层土壤有效磷含量最高，平均值为 9.73 毫克/千克；洪积物最低，平均值为 9.03 毫克/千克。

（4）不同地形部位：河流一级、二级阶地耕层土壤有效磷含量最高，为 10.10 毫克/千克；其次是丘陵低山中、下部及坡麓平坦地，平均值为 9.67 毫克/千克；最低是沟谷地，平均值为 9.60 毫克/千克。

（四）速效钾

土壤有效钾也是作物所需的三要素之一，它是许多酶的活化剂、能促进光合作用、能促进蛋白质的合成、能增强作物茎秆的坚韧性，增强作物的抗倒伏和抗病虫能力、能提高作物的抗旱和抗寒能力。总之，钾是提高作物产量和质量的关键元素。

中阳县土壤速效钾含量变化范围为 42.18～240.2 毫克/千克，平均值为 98.71 毫克/千克，属五级水平（表 3-33）。

（1）不同行政区域：武家庄镇和下枣林乡耕层土壤速效钾含量最高，平均值分别为 107.76 毫克/千克和 106.01 毫克/千克；其次是宁乡镇和金罗镇，平均值分别为 102.98 毫克/千克和 98.49 毫克/千克；最低是暖泉镇，平均值为 89.80 毫克/千克。

（2）不同土壤类型：栗褐土耕层土壤速效钾含量最高，平均值为 100.06 毫克/千克；其次是粗骨土，平均值为 99.98 毫克/千克；褐土最低，平均值为 88.61 毫克/千克。

（3）不同成土母质：洪积物耕层土壤速效钾含量最高，平均值为 102.04 毫克/千克；红土母质最低，平均值为 73.07 毫克/千克。

（4）不同地形部位：河流一级、二级阶地耕层土壤速效钾含量最高，为 107.78 毫克/千克；其次是丘陵低山中、下部及坡麓平坦地，平均值为 97.81 毫克/千克；最低是沟谷地，平均值为 92.83 毫克/千克。

（五）缓效钾

中阳县土壤缓效钾变化范围为 467.20~1 080.37 毫克/千克，平均值为 789.92 毫克/千克，属三级水平（表3-35）。

（1）不同行政区域：宁乡镇耕层土壤缓效钾含量最高，平均值为 820.11 毫克/千克；其次是武家庄镇，平均值为 810.35 毫克/千克；最低是暖泉镇，平均值为 750.93 毫克/千克。

（2）不同土壤类型：褐土耕层土壤缓效钾含量最高，平均值为 881.55 毫克/千克；其次是栗褐土和黄绵土，平均值分别为 808.78 毫克/千克和 785.21 毫克/千克。潮土最低，平均值为 723.26 毫克/千克。

（3）不同成土母质：洪积物耕层土壤缓效钾含量最高，平均值为 896.20 毫克/千克；黄土母质最低，平均值为 789.00 毫克/千克。

（4）不同地形部位：河流一级、二级阶地耕层耕层缓效钾含量最高，平均值为 816.05 毫克/千克左右；沟谷地土壤缓效钾含量最低，平均值为 771.09 毫克/千克。

表3-35 中阳县大田土壤养分缓效钾和有效硫统计

类别		缓效钾			有效硫		
		最大值 （毫克/千克）	最小值 （毫克/千克）	平均值 （毫克/千克）	最大值 （毫克/千克）	最小值 （毫克/千克）	平均值 （毫克/千克）
行政区域	金罗镇	980.72	566.80	778.44	45.02	19.84	32.34
	宁乡镇	1 080.37	500.40	820.11	56.75	12.10	28.19
	暖泉镇	1 000.65	517.00	750.93	46.68	9.27	25.19
	武家庄镇	1 040.51	533.60	810.35	35.06	18.98	26.11
	下枣林乡	1 060.44	467.20	802.64	35.06	19.84	26.54
	张子山乡	960.79	700.65	799.74	120.08	18.12	39.50
	枝柯镇	1080.37	483.80	760.93	86.69	24.14	38.23
土壤类型	潮土	860.09	517.00	723.26	43.36	18.12	30.50
	粗骨土	880.02	620.93	776.00	30.08	17.26	24.06
	褐土	980.72	740.51	881.55	38.38	28.42	35.06
	黄绵土	1 060.44	467.20	785.21	120.08	9.27	29.06
	栗褐土	1 080.37	483.80	808.78	86.69	14.68	33.33
成土母质	洪积物	1 000.65	780.37	896.20	28.42	26.76	28.25
	黄土母质	1 080.37	467.20	789.00	120.08	9.27	30.01
	红土母质	940.86	720.58	807.21	30.08	24.14	28.40
地形部位	低山丘陵坡地	1 080.37	533.60	816.05	86.69	14.68	30.76
	沟谷地	1 000.65	583.40	771.09	53.42	20.70	29.60
	丘陵低山中、下部及坡麓平坦地	1 080.37	467.20	787.47	120.08	9.27	29.88

二、有机质及大量元素分级论述

中阳县耕地土壤大量元素分级面积及占耕地面积的百分比，详见表 3 - 36。

（一）土壤有机质

Ⅰ级　有机质含量为＞25.00 克/千克，全县面积为 257.30 亩，占总耕地面积的 0.13％。主要分布在道堂村、弓阳村、暖泉村、岔沟村等。

Ⅱ级　有机质含量为 20.01～25 克/千克，全县面积为 10 997.56 亩，占总耕地面积的 5.55％。主要分布在郝家畔村、西合村、河底村、刘家坪村等。

Ⅲ级　有机质含量为 15.01～20.0 克/千克，面积为 32 556.02 亩，占总耕地面积的 16.44％。主要分布凤尾村、青楼村、郝家圪达村、朱家庄村等。

Ⅳ级　有机质含量为 10.01～15.0 克/千克，面积为 76 235.49 亩，占总耕地面积的 38.49％。广泛分布在全县的各个乡（镇）。

Ⅴ级　有机质含量为 5.01～10.1 克/千克，面积为 73 353.64 亩，占总耕地面积的 37.03％。

Ⅵ级　面积为 4 672.32 亩，占总耕地面积的 2.36％。

（二）全氮

Ⅰ级　全氮含量为＞1.50 克/千克，面积只有 478.28 亩，占总耕地面积的 0.24％。主要有道堂村、南街等。

Ⅱ级　全氮含量为 1.2～1.5 克/千克，面积只有 10 897.45 亩，占总耕地面积的 5.50％。主要分布在车鸣峪村、关上村等。

Ⅲ级　全氮含量为 1.001～1.20 克/千克，面积只有 29 280.13 亩，占总耕地面积的 14.78％。主要分布在水峪村、段家庄等。

Ⅳ级　全氮含量为 0.701～1.000 克/千克，面积为 144 716.51 亩，占总耕地面积的 73.06％。广泛分布在全县的各个乡（镇）。

Ⅴ级　全氮含量为 0.501～0.70 克/千克，面积为 12 694.45 亩，占总耕地面积的 6.41％。

Ⅵ级　全氮含量为小于 0.5 克/千克，面积为 5.51 亩。

（三）有效磷

Ⅰ级　有效磷含量为＞25.00 毫克/千克，全县无分布。

Ⅱ级　有效磷含量为 20.1～25.00 毫克/千克，全县面积 599.81 亩，占总耕地面积的 0.30％。

Ⅲ级　有效磷含量为 15.1～20.1 毫克/千克，全县面积 7 294.39 亩，占总耕地面积的 3.68％。

Ⅳ级　有效磷含量为 10.1～15.0 毫克/千克。全县面积 76 382.52 亩，占总耕地面积的 38.56％。分布较广泛。

Ⅴ级　有效磷含量为 5.1～10.0 毫克/千克。全县面积 92 568.32 亩，占总耕地面积的 46.73％。广泛分布在全县各乡（镇）。

Ⅵ级 有效磷含量为小于 5.0 毫克/千克，全县面积 21 227.29 亩，占总耕地面积的 10.72％。主要分布在段家庄、阳坡村等地的瘠薄地块上。

(四) 速效钾

Ⅰ级 速效钾含量为＞250 毫克/千克，全县无分布。

Ⅱ级 速效钾含量为 201～250 毫克/千克，全县面积 17.83 亩，占总耕地面积的 0.01％。在全县分布较少。

Ⅲ级 速效钾含量为 151～200 毫克/千克，全县面积 2 891.08 亩，占总耕地面积的 1.46％。

Ⅳ级 速效钾含量为 101～150 毫克/千克，全县面积 85 573.28 亩，占总耕地面积的 43.20％。广泛分布在全县各乡（镇）。

Ⅴ级 速效钾含量为 51～100 毫克/千克，全县面积 107 816.55 亩，占总耕地面积的 54.43％。广泛分布在全县各乡（镇）。

Ⅵ级 速效钾含量为小于 50 毫克/千克，全县面积 1 773.59 亩，占总耕地面积的 0.90％。

(五) 缓效钾

Ⅰ级缓效钾含量为＞1 200 毫克/千克，全县无分布。

Ⅱ级 缓效钾含量为 901～1 200 毫克/千克，全县面积 14 356.29 亩，占总耕地面积的 7.25％。

Ⅲ级 缓效钾含量为 601～900 毫克/千克，全县面积 179 230.74 亩，占总耕地面积的 90.49％。其广泛分布在全县各个乡（镇）。

Ⅳ级 缓效钾含量为 351～600 毫克/千克，全县面积 4 485.30 亩，占总耕地面积的 2.26％。

Ⅴ级 缓效钾含量为 151～350 毫克/千克，全县无分布。

Ⅵ级 缓效钾含量为小于等于 150 毫克/千克，全县无分布。

中阳县耕地土壤大量元素分级面积及占耕地面积百分比见表 3-36。

表 3-36 中阳县耕地土壤大量元素分级面积及占耕地面积百分比

级 别		I	II	III	IV	V	VI
有机质	面积（亩）	257.30	10 997.56	32 556.02	76 235.49	73 353.64	4 672.32
	（％）	0.13	5.55	16.44	38.49	37.03	2.36
全氮	面积（亩）	478.28	10 897.45	29 280.13	144 716.51	12 694.45	5.51
	（％）	0.24	5.50	14.78	73.06	6.41	—
有效磷	面积（亩）	—	599.81	7 294.39	76 382.52	92 568.32	21 227.29
	（％）		0.30	3.68	38.56	46.73	10.72
速效钾	面积（亩）	—	17.83	2 891.08	85 573.28	107 816.55	1 773.59
	（％）		0.01	1.46	43.20	54.43	0.90
缓效钾	面积（亩）	—	14 356.29	179 230.74	4 485.30	—	—
	（％）		7.25	90.49	2.26		

第三节 中量元素

中量元素背景值的表达方式以各统计单元养分汇总结果的算术平均值和标准差来表示。以单位体 S 表示，表示单位：用毫克/千克来表示。

2009—2011 年，测土配方施肥项目只进行了土壤有效硫的测试，交换性钙、交换性镁没有测试。所以，只是统计了有效硫的情况，由于有效硫目前全国范围内仅有酸性土壤临界值，而全县土壤属栗钙土壤，没有临界值标准。因而只能根据养分分量的具体情况进行级别划分，分 6 个级别，见表 3-34。

一、含量与分布

中阳县土壤有效硫变化范围为 9.27～120.01 毫克/千克，平均值为 29.97 毫克/千克，属四级水平。中阳县大田土壤硫元素统计见表 3-35。

（1）不同行政区域：张子山乡耕层土壤有效硫含量最高，平均值 39.50 毫克/千克；其次是枝柯镇，平均值为 38.23 毫克/千克；最低是暖泉镇，平均值为 25.19 毫克/千克。

（2）不同土壤类型：褐土耕层土壤有效硫含量最高，平均值为 35.06 毫克/千克；其次是栗褐土和潮土，平均值分别为 33.33 毫克/千克和 30.50 毫克/千克；粗骨土最低，平均值为 24.06 毫克/千克。

（3）不同成土母质：黄土母质耕层土壤有效硫含量最高，平均值为 30.01 毫克/千克；洪积物最低，平均值为 28.25 毫克/千克。

（4）不同地形部位：河流一级、二级阶地耕层土壤有效硫含量高，为 30.76 毫克/千克；沟谷地耕层有效硫含量最低，平均值为 29.60 毫克/千克。

二、分级论述

有效硫

Ⅰ级　有效硫含量为大于 200.0 毫克/千克。全县无分布。

Ⅱ级　有效硫含量为 100.1～200.0 毫克/千克，全县面积为 29.18 亩，占总耕地面积的 0.01％。分布较少。

Ⅲ级　有效硫含量为 50.1～100 毫克/千克，全县面积为 5 477.36 亩，占总耕地面积的 2.77％。

Ⅳ级　有效硫含量为 25.1～50 毫克/千克，全县面积为 151 302.50 亩，占总耕地面积的 76.39％。广泛分布在全县各个乡（镇）。

Ⅴ级　有效硫含量为 12.1～25.0 毫克/千克，全县面积为 40 932.46 亩，占总耕地面积的 20.66％。广泛分布在全县各个乡（镇）。

Ⅵ级　有效硫含量为小于等于 12.0 毫克/千克，全县面积为 330.83 亩，占总耕地面积的 0.17％。

中阳县耕地土壤有效硫分级面积见表 3 - 37。

表 3 - 37 中阳县耕地土壤有效硫分级面积

有效硫分级	I	II	III	IV	V	VI
面积（亩）	—	29.18	5 477.36	151 302.50	40 932.46	330.83
占耕地的比例（%）	—	0.01	2.77	76.39	20.66	0.17

第四节 微量元素

土壤微量元素的表达方式以各统计单元养分汇总结果的算术平均值和标准差来表示，分别以单体 Cu、Zn、Mn、Fe、B（铜、锌、锰、铁、硼）表示。表示单位为毫克/千克。

土壤微量元素参照全省第二次土壤普查的标准，结合本区土壤养分含量状况重新进行划分，各分 6 个级别，见表 3 - 33。

一、含量与分布

（一）有效铜

中阳县土壤有效铜含量变化范围为 0.31～2.43 毫克/千克，平均值 1.20 毫克/千克，属三级水平。中阳县大田土壤有效铜统计见表 3 - 38。

（1）不同行政区域：下枣林乡耕层土壤有效铜含量最高，平均值为 1.35 毫克/千克；其次是宁乡镇，平均值为 1.28 毫克/千克；最低是枝柯镇，平均值为 0.89 毫克/千克。

（2）不同土壤类型：粗骨土耕层土壤有效铜含量最高，平均值为 1.50 毫克/千克；其次是黄绵土，平均值为 1.23 毫克/千克；褐土最低，平均值为 0.94 毫克/千克。

（3）不同成土母质：黄土母质耕层土壤有效铜含量最高，平均值为 1.12 毫克/千克；洪积物质最低，平均值为 0.86 毫克/千克。

（4）不同地形部位：河流一级、二级阶地耕层土壤有效铜含量高，为 1.29 毫克/千克；沟谷地耕层有效铜含量最低，平均值为 1.16 毫克/千克。

（二）有效锌

中阳县土壤有效锌含量变化范围为 0.37～3.30 毫克/千克，平均值为 1.59 毫克/千克，属二级水平。中阳县大田土壤有效锌统计见表 3 - 38。

（1）不同行政区域：下枣林乡耕层土壤有效锌含量最高，平均值分别为 2.03 毫克/千克；其次是武家庄镇，平均值为 1.68 毫克/千克；最低是金罗镇，平均值为 1.24 毫克/千克。

（2）不同土壤类型：粗骨土和黄绵土耕层土壤有效锌含量最高，平均值分别为 1.69 毫克/千克和 1.63 毫克/千克；其次是褐土，平均值为 1.46 毫克/千克；潮土最低，平均值为 1.26 毫克/千克。

（3）不同成土母质：黄土母质耕层土壤有效锌含量最高，平均值为 1.60 毫克/千克；洪积物最低，平均值分别为 1.09 毫克/千克。

（4）不同地形部位：丘陵低山中、下部及坡麓平坦地耕层土壤有效锌含量高，为1.62毫克/千克；沟谷地耕层有效锌含量最低，平均值为1.39毫克/千克。

表 3-38　中阳县土壤养分有效铜和有效锌统计

单位：毫克/千克

类　别		有效铜			有效锌		
		最大值	最小值	平均值	最大值	最小值	平均值
行政区域	金罗镇	2.27	0.77	1.27	2.50	0.50	1.24
	宁乡镇	2.43	0.43	1.28	3.30	0.57	1.38
	暖泉镇	2.36	0.47	1.04	2.90	0.47	1.59
	武家庄镇	2.23	0.67	1.27	2.99	0.73	1.68
	下枣林乡	2.43	0.64	1.35	3.10	1.20	2.03
	张子山乡	2.12	0.67	1.23	2.60	0.41	1.56
	枝柯镇	1.83	0.31	0.89	2.50	0.37	1.28
土壤类型	潮土	1.93	0.54	1.07	2.00	0.47	1.26
	粗骨土	2.43	0.80	1.50	3.30	0.60	1.69
	褐土	1.07	0.77	0.94	1.70	0.90	1.46
	黄绵土	2.43	0.43	1.23	3.10	0.41	1.63
	栗钙土	2.04	0.31	1.08	3.10	0.37	1.44
成土母质	洪积物	1.10	0.77	0.86	1.50	0.96	1.09
	黄土母质	2.43	0.31	1.21	3.30	0.37	1.60
	红土母质	1.80	0.70	0.90	2.30	0.80	1.31
地形部位	低山丘陵坡地	2.43	0.43	1.29	7.21	3.30	0.48
	沟谷地	2.43	0.70	1.16	6.70	3.10	0.57
	丘陵低山中、下部及坡麓平坦地	2.36	0.31	1.19	7.27	3.30	0.37

（三）有效锰

中阳县土壤有效锰含量变化范围为 3.52～16.00 毫克/千克，平均值为 9.74 毫克/千克，属四级水平，中阳县大田土壤有有效锰统计见表 3-39。

（1）不同行政区域：金罗镇耕层土壤有效锰含量最高，平均值为 11.16 毫克/千克；其次是下枣林乡，平均值为 10.77 毫克/千克；最低是枝柯镇，平均值为 8.16 毫克/千克。

（2）不同土壤类型：淋溶性褐土耕层土壤有效锰含量最高，平均值为 11.59 毫克/千克；其次是潮土，平均值为 10.35 毫克/千克；石灰性褐土最低，平均值为 6.82 毫克/千克。

（3）不同成土母质：红土母质耕层土壤有效锰含量最高，平均值为 11.34 毫克/千克；黄土母质最低，平均值为 9.71 毫克/千克。

（4）不同地形部位：沟谷地耕层有效锰含量最高，平均值为 10.64 毫克/千克；丘陵低山中、下部及坡麓平耕层土壤有效锰含量低，为 9.61 毫克/千克。

（四）有效铁

中阳县土壤有效铁含量变化范围为 3.00～12.67 毫克/千克，平均值为 7.22 毫克/千克，属四级水平。中阳县大田土壤有效铁统计见表 3-40。

（1）不同行政区域：下枣林乡耕层土壤有效铁含量最高，平均值为 8.68 毫克/千克；其次是张子山乡，平均值为 7.56 毫克/千克；最低是枝柯镇，平均值为 5.89 毫克/千克。

（2）不同土壤类型：黄绵土耕层土壤有效铁含量最高，平均值为 7.38 毫克/千克；其次是粗骨土，平均值分别为 7.00 毫克/千克；褐土最低，平均值为 5.71 毫克/千克。

（3）不同成土母质：黄土母质耕层土壤有效铁含量最高，平均值为 7.25 毫克/千克；洪积物最低，平均值为 5.74 毫克/千克。

（4）不同地形部位：河流一级、二级阶地耕层土壤有效铁含量高，为 7.21 毫克/千克；沟谷地耕层有效铁含量最低，平均值为 6.70 毫克/千克。

（五）有效硼

中阳县土壤有效硼含量变化范围为 0.04～0.93 毫克/千克，平均值为 0.15 毫克/千克，属六级水平。中阳县大田土壤有效硼统计见表 3-40。

（1）不同行政区域：武家庄镇耕层土壤有效硼含量最高，平均值为 0.20 毫克/千克；其次是金罗镇和暖泉镇，平均值为 0.17 毫克/千克；最低是枝柯镇，平均值为 0.09 毫克/千克。

（2）不同土壤类型：潮土耕层土壤有效硼含量最高，平均值为 0.18 毫克/千克；其次是黄绵土，平均值为 0.16 毫克/千克；粗骨土和褐土最低，平均值为 0.09 毫克/千克。

（3）不同成土母质：不同成土母质耕层土壤有效硼含量差异不大，其中洪积物耕层土壤有效硼含量最高，平均值为 0.16 毫克/千克；红土母质最低，平均值为 0.14 毫克/千克。

（4）不同地形部位：丘陵低山中、下部及坡麓平土壤缓效钾含量高，为 0.16 毫克/千克；低山丘陵坡地，河流一级、二级阶地耕层有效硼含量最低，平均值为 0.12 毫克/千克。

表 3-39　中阳县大田土壤养分有效铁和有效锰统计

单位：毫克/千克

类别		有效铁			有效锰		
		最大值	最小值	平均值	最大值	最小值	平均值
行政区域	金罗镇	10.67	4.00	6.87	0.34	0.06	0.17
	宁乡镇	11.67	4.50	6.95	0.24	0.04	0.10
	暖泉镇	8.33	5.00	6.64	0.26	0.07	0.17
	武家庄镇	11.00	5.67	7.31	0.93	0.06	0.20
	下枣林乡	12.67	5.34	8.68	0.32	0.06	0.15
	张子山乡	11.67	5.67	7.56	0.26	0.09	0.16
	枝柯镇	8.66	3.00	5.89	0.15	0.06	0.09

（续）

类　别		有效铁			有效锰		
		最大值	最小值	平均值	最大值	最小值	平均值
土壤类型	潮土	10.00	4.00	6.76	13.66	4.85	10.35
	粗骨土	8.33	5.34	7.00	13.00	5.67	9.51
	褐土	7.00	5.00	5.71	12.33	5.67	8.17
	黄绵土	12.33	3.00	7.38	16.00	4.05	9.83
	栗褐土	12.67	3.34	6.79	14.33	3.52	9.47
成土母质	洪积物	6.34	5.34	5.74	10.33	8.34	9.74
	黄土母质	12.67	3.00	7.25	16.00	3.52	9.71
	红土母质	10.34	5.34	6.56	14.33	7.67	11.34
地形部位	低山丘陵坡地	11.67	5.00	7.21	15.34	5.67	10.22
	沟谷地	12.33	4.50	6.70	14.33	4.59	10.64
	丘陵低山中、下部及坡麓平坦地	12.67	3.00	7.27	16.00	3.52	9.61

二、分级论述

（一）有效铜

Ⅰ级　有效铜含量为＞2.0毫克/千克，全县面积为5 231.80亩，占总耕地面积的2.64%。

Ⅱ级　有效铜含量为1.51～2.0毫克/千克，全县面积为26 377.20亩，占总耕地面积的13.32%。广泛分布在全县各个乡（镇）。

Ⅲ级　有效铜含量为1.01～1.50毫克/千克，全县面积为96 309.27亩，占总耕地面积的48.62%。广泛分布在全县各个乡（镇）。

Ⅳ级　有效铜含量为0.51～1.00毫克/千克，全县面积为68 037.33亩，占总耕地面积34.35%。广泛分布在全县各个乡（镇）。

Ⅴ级　有效铜含量为0.21～0.50毫克/千克，全县面积为2 116.73亩，占总耕地面积的1.07%。

（二）有效锰

Ⅰ级　有效锰含量为大于30毫克/千克，全县无分布。

Ⅱ级　有效锰含量为20.01～30毫克/千克，全县无分布。

Ⅲ级　有效锰含量为15.01～20毫克/千克，全县面积为2 204.42亩，占总耕地面积的1.11%。广泛分布在全县各个乡（镇）。

Ⅳ级　有效锰含量为5.01～15.00毫克/千克，全县面积为188 421.37亩，占总耕地面积的 95.13%。广泛分布在全县各个乡（镇）。

Ⅴ级 有效锰含量为 1.01～5.00 毫克/千克，全县面积为 7 446.54 亩，占总耕地面积的 3.76%。广泛分布在全县各个乡（镇）。

Ⅵ级 有效锰含量为小于 1.00 毫克/千克，全县无分布。

（三）有效锌

Ⅰ级 有效锌含量为大于 3.00 毫克/千克，全县面积为 190.62 亩，占总耕地面积的 0.10%。

Ⅱ级 有效锌含量为 1.51～3.00 毫克/千克，全县面积为 112 138.86 亩，占总耕地面积的 56.62%。

Ⅲ级 有效锌含量为 1.01～1.50 毫克/千克，全县面积为 61 441.97 亩，占总耕地面积的 31.02%。广泛分布在全县各个乡（镇）。

Ⅳ级 有效锌含量为 0.51～1.00 毫克/千克，全县面积为 23 378.98 亩，占总耕地面积的 11.80%。

Ⅴ级 有效锌含量为 0.31～0.50 毫克/千克，全县面积为 921.90 亩，占总耕地面积的 0.46%。

Ⅵ级 有效锌含量为小于 0.31 毫克/千克，全县面积为 13.1 亩，零星分布于各乡（镇）。

（四）有效铁

Ⅰ级 有效铁含量为大于 20.00 毫克/千克，全县无分布。

Ⅱ级 有效铁含量为 15.01～20.00 毫克/千克，全县无分布。

Ⅲ级 有效铁含量为 10.01～15.00 毫克/千克，全县面积的 7 626.48 亩，占总耕地面积的 3.85%。

Ⅳ级 有效铁含量为 5.01～10.00 毫克/千克，全县面积的 184 910.59 亩，占总耕地面积的 93.36%、广泛分布在全县各个乡（镇）。

Ⅴ级 有效铁含量为 2.51～5.00 毫克/千克，全县面积为 5 535.26 亩，占总耕地面积的 2.79%。

Ⅵ级 有效铁含量为小于等于 2.50 毫克/千克，全县无分布。

（五）有效硼

Ⅰ级 有效硼含量为大于 2.00 毫克/千克，全县无分布。

Ⅱ级 有效硼含量为 1.51～2.00 毫克/千克，全县无分布。

Ⅲ级 有效硼含量为 1.01～1.50 毫克/千克，全县无分布。

Ⅳ级 有效硼含量为 0.51～1.00 毫克/千克，全县面积为 477.69 亩，占总耕地面积的 0.24%。广泛分布于全县各乡（镇）。

Ⅴ级 有效硼含量为 0.21～0.50 毫克/千克，全县面积为 24 499.60 亩，占总耕地面积的 23.43%。

Ⅵ级 有效硼含量为小于等于 0.20 毫克/千克，全县无分布。

微量元素土壤分级面积见表 3 - 40。

表 3-40 中阳县耕地土壤微量元素分级面积及占到耕地的比例

级 别		I	II	III	IV	V	VI
有效锰	面积（亩）	—	—	2 204.42	188 421.37	7 446.54	—
	（%）	—	—	1.11	95.13	3.76	
水溶性硼	面积（亩）	—	—	—	477.69	24 499.60	173 095.04
	（%）	—	—	—	0.24	12.37	87.39
有效铁	面积（亩）	—	—	7 626.48	184 910.59	5 535.26	
	（%）	—	—	3.85	93.36	2.79	
有效铜	面积（亩）	5 231.80	26 377.20	96 309.27	68 037.33	2 116.73	
	（%）	2.64	13.32	48.62	34.35	1.07	
有效锌	面积（亩）	190.62	112 138.86	61 441.97	23 378.98	921.90	—
	（%）	0.10	56.62	31.02	11.80	0.46	

第五节 其他理化性状

一、土壤 pH

中阳县耕地土壤 pH 变化范围为 7.81～9.84，平均值为 8.55（表 3-41）。

表 3-41 中阳县大田土壤养分水溶性硼和 pH 统计

类 别		水溶性硼（毫克/千克）			pH		
		最大值	最小值	平均值	最大值	最小值	平均值
行政区域	金罗镇	0.34	0.06	0.17	8.90	8.28	8.54
	宁乡镇	0.24	0.04	0.10	8.90	7.96	8.48
	暖泉镇	0.26	0.07	0.17	8.90	8.12	8.59
	武家庄镇	0.93	0.06	0.20	9.06	7.96	8.58
	下枣林乡	0.32	0.06	0.15	9.84	7.81	8.55
	张子山乡	0.26	0.09	0.16	8.90	7.96	8.56
	枝柯镇	0.15	0.06	0.09	8.75	8.12	8.49
土壤类型	潮土	0.34	0.07	0.18	8.90	8.28	8.57
	粗骨土	0.24	0.04	0.09	8.75	8.28	8.54
	褐土	0.15	0.07	0.09	8.59	8.28	8.52
	黄绵土	0.93	0.04	0.16	9.84	7.81	8.56
	栗褐土	0.80	0.04	0.13	9.84	7.96	8.50
成土母质	洪积物	0.19	0.11	0.16	8.59	8.43	8.45
	黄土母质	0.93	0.04	0.15	9.84	7.81	8.55
	红土母质	0.24	0.09	0.14	8.90	7.96	8.32

（续）

类　别		水溶性硼（毫克/千克）			pH		
		最大值	最小值	平均值	最大值	最小值	平均值
地形部位	低山丘陵坡地	0.32	0.04	0.12	9.37	8.12	8.53
	沟谷地	0.26	0.04	0.14	8.90	8.28	8.50
	丘陵低山中、下部及坡麓平坦地	0.93	0.04	0.16	9.84	7.81	8.55

（1）不同行政区域：不同行政区域 pH 变化不大，其中暖泉镇耕层土壤 pH 最高，平均值为 8.59；最低是下枣林乡，平均值为 8.48。

（2）不同土壤类型：不同土壤类型耕层土壤的 pH 差异也不明显，其中潮土 pH 最高，平均值为 8.57；栗褐土最低，平均值为 8.50。

（3）不同成土母质：不同成土母质耕层土壤有效硼含量差异不大，其中黄土母质耕层土壤 pH 最高，平均值为 8.55；红土母质最低，平均值为 8.32。

（4）不同地形部位：丘陵低山中、下部及坡麓平坦地 pH 最高，为 8.55；沟谷地 pH 最低，平均值为 8.50。

二、耕层质地

土壤质地是土壤物理性质之一。指土壤中不同大小直径的矿物颗粒的组合状况。土壤质地与土壤通气、保肥、保水状况及耕作的难易有密切关系；土壤质地状况是拟定土壤利用、管理和改良措施的重要依据。肥沃的土壤不仅要求耕层的质地良好，还要求有良好的质地剖面。虽然土壤质地主要决定于成土母质类型，有相对的稳定性，但耕作层的质地仍可通过耕作、施肥等活动进行调节。土壤质地亦称土壤机械组成，指不同粒径在土壤中占有的比例组合。根据卡庆斯基质地分类，粒径大于 0.01 毫米为物理性沙粒，小于 0.01 毫米为物理性黏粒。根据其沙黏含量及其比例，主要可分为沙土、沙壤、轻壤、中壤、重壤、黏土 6 级。

中阳县由于地处黄土丘陵区，土壤侵蚀严重，土壤表层黏粒极易被风侵蚀，沙壤的比例占到 2.04%。成土母质黄土类物质占有相当大的比例，黄土母质被侵蚀后，红黄土母质、第三季红黏土和紫色页岩等出露地表，和黄土母质共同发育的土壤，壤身沙土比例较大，约占总耕地面积的 87.67%。部分耕地植被覆盖率低，地形处在风口之下，土壤风蚀特别严重，黏粒大部分被风刮走，耕层质地成为沙土，黏底沙土的比例为 10.28%。

耕层土壤质地面积比例，见表 3-42。

表 3-42　中阳县土壤耕层质地概况

质地类型	耕种土壤（亩）	占耕种土壤（%）
沙　壤	4 045.23	2.04
壤身沙土	173 659.4	87.67

（续）

质地类型	耕种土壤（亩）	占耕种土壤（%）
黏底沙土	20 367.7	10.28
合　计	198 072.3	100.00

备注：以上统计结果依据 2011—2013 年中阳县测土配方施肥项目土样化验结果。

从表 3-42 可知，中阳县壤身沙土面积最大，占 87.67%；其次为黏底沙土，占到全县总耕地面积的 10.28%，壤身沙土沙黏适中，大小孔隙比例适当，通透性好，保水保肥，养分含量丰富，有机质分解快，供肥性好，耕作方便，通耕期早，耕作质量好，发小苗亦发老苗。因此，一般壤质土，水、肥、气、热比较协调，从质地上看，南郊土壤质地良好，是农业上较为理想的土壤。

沙壤占中阳县耕地地总面积的 2.04%，土质较沙，疏松易耕，粒间孔隙度大，通透性好，但保水保肥性能差，抗旱力弱，供肥性差，前劲强后劲弱，发小苗不发老苗，建议最好进行退耕还林还草，植树造林，种植牧草，固土固沙，改善生态环境，或者掺和第三纪红黏土，以黏改沙。

黏底沙土占到 10.28%，土壤黏重致密，难耕作，易耕期短，保肥性强，养分含量高，但易板结，通透性能差，土体冷凉坷垃多，不养小苗，易发老苗。建议以沙改黏，掺和沙土，种植多年生绿肥，促进土壤团粒结构有的形成，改善土壤的通透性。

三、土体构型

土体构型是指各土壤发生层有规律的组合、有序的排列状况，也称为土壤剖面构型，是土壤剖面最重要特征。

良好土体构型含有黏质垫层类型中的深位黏质垫层型、均质类型中的均壤型、夹层类型中的蒙金型，其特点是：土层深厚，无障碍层。

较差土体构型含有夹层类型中的夹沙型、沙体型和薄层类型中的薄层型等，特点它对土壤水、肥、气、热等各个肥力因素有制约和调节作用，特别对土壤水、肥储藏与流失有较大影响。因此，良好的土体构型是土壤肥力的基础。

中阳县耕作的土体构型可概分三大类，即通体型、夹层型和薄层型。

1. 通体型　土体深厚，全剖面上下质地基本均匀，在本区占有相当大的比例。

（1）通体沙壤型：（包括少部分通体沙土型）分布在黄土丘陵风口、洪积扇、倾斜平原及一级阶地上，质地粗糙土壤黏结性差，有机物质分解快，总空隙少，通气不良，土温变化迅速，保供水肥能力较差，因而肥力低。

（2）通体轻壤型：发育于黄土质及黄土状母质和近代河流冲积物母质上，层次很不明显，保供水能力较好，土温变化不大，水、肥、气、热诸因素之的关系较为协调。

（3）通体中壤型：发育在红土母质，红黄土母质，河流沉积物母质上。除表层因耕作熟化质地变得较为松软外，通体颗粒排开致密紧实。尤其是犁底层坚实明显，耕作比较困难，土温变化小而性冷，保水保肥能力好但供水供肥能力较差，不利于捉苗和小苗生长，若适当进行掺砂改黏结合深耕打破犁底层，就会将不利性状变为有利因素。

（4）通体沙砾质型：发育在洪积扇、山地及丘陵上，全剖面以沙砾石为主，土体中缺乏胶体，土壤黏结性很差，漏水漏肥。有机质分解快，保供水肥能力差，严重影响耕作及作物的生长发育。

2. 夹层型　即土体中间夹有一层较为悬殊的质地。在本区也有一定量的分布。

（1）浅位夹层型：即在土体内离地表50厘米以上，20～50厘米之下出现的夹层。

①浅位夹白干型。白干层是南郊区土壤较多存在的土壤层次，多分布在黄土状、河流沉积物母质上。活土层疏松多孔，有机质转化快，宜耕好种，利于小苗生长，但是心土层紧实黏重，土壤通透性差，限制作物根系下扎，影响作物生长发育，须结合深耕加厚活土层，尤其盐碱地上出现这种土体构型，给盐碱地改造带来很大不便。

②浅位夹沙砾石型。分布于洪积物母质上。表层土壤利于作物生长，但心土层不仅漏水漏肥，而且限制作物根系下扎，在今后的耕作管理种植上一定要注意。

（2）深位夹层型：夹层在50厘米以下出现的夹层。

①深位夹黏型和深位夹白干型。多出现在灌淤母质，河流冲积母质及黄土状母质上。这种土体构型，表层疏松多孔，有机质转化快，宜耕宜种，有利于作物生长发育；土层质地适中，有利于作物根系下扎，伸展及蓄水保肥；底土层黏重坚实，托水保肥，作物生长后期水肥供应充足，这就保证了作物在整个生育期对水、肥、气、热的需要，是本区理想的土壤，也称"蒙金型"。但是盐渍化土壤出现这种土体构型不利于盐渍化土壤的改良。

②深位夹砾石型。多分布在洪积扇的上部，土体内砾石较多，分选性差。此种土体构型的表层和心土层均利于作物生长发育，但底土层漏水漏肥比较严重，因而在灌水方面切忌超量灌溉，应该进行土地平整，做到均匀灌溉，控制每次的灌水数量，以防土壤养分随水分渗漏流失。

3. 薄层型　土体厚度一般在40厘米左右，发育于残积母质上的山地土壤，即本区的栗褐土区—出现薄层型土体构型。土体内含有不同程度的基岩半风化物—沙砾石，影响耕作及作物根系的下扎和生长发育，在本区耕地面积较小，多数已经退耕还林。

四、土壤结构

土壤结构是指土壤颗粒的排列形式，孔隙大小分配性及其稳定程度，它直接关系着土壤水、肥、气、热的协调，土壤微生物的活动，土壤耕性的好坏和作物根系的伸展，是影响土壤肥力的重要因素。

1. 中阳县耕地土壤结构较差，主要表现为

（1）耕作层（表土层）：薄，结构表现为屑粒状、块状、团块状，团粒结构很少，只有在菜园土壤中才能出现，不利于土壤水肥气热的协调，影响作物的生长。主要原因是南郊区土壤有机质和腐殖质含量不高，土壤熟化程度较低，土壤腐殖质化程度低，难以形成团粒结构，更多呈现土壤母质的原来特性，尤其黄土丘陵的低产地块耕作层表现如此。

（2）犁底层：由于机械、水力、策略等作用影响，耕作层（表土层）下面大都有坚实的犁底层存在，且犁底层出现的比较浅，为15厘米左右，多为片状或鳞状结构，厚度为

10～15厘米，在很大程度上妨碍通气透水和根系下扎，但是也减少了养分的流失。

（3）心土层：在犁底层之下，厚为20～30厘米，多为块状、棱块状、片状、核状结构。

（4）底土层：指土质剖面中50厘米以下的土层。即一般所说的生土层，结构由土壤母质决定，多为块状、核状结构。

2. 中阳县土壤结构的不良，主要表现为

（1）耕作层坷垃较多：主要表现在耕层质地黏重的红土、红黄土和以苏打为主要盐分的盐碱地上，"湿时一团糟，干时像把刀"，极易形成坷垃。这类土壤因有机质含量低，土壤耕性差，宜耕期短，耕耙稍有不适时，即形成大小不等的坷垃，影响作物出苗和幼苗生长。

（2）耕作层容易板结：在雨后或灌水后容易发生，其主要原因为，轻壤和中壤是土壤质地均一较细所致，重壤和黏土是土壤中黏粒较多之故，沙壤和沙土是因为土壤中有机质含量低，土壤团聚体不是以有机物为胶结剂，而是以无机物碳酸盐为胶结剂，近年大量使用无机化肥，有机肥用量减少，也是造成土壤板结的原因之一。土壤板结不仅使土壤紧密，影响幼苗出土和生长，而且还影响通气状况，加速水分蒸发。

（3）位置较浅而坚实的犁底层：由于长期人为耕作的影响，在活土层下面形成了厚而坚实的犁底层，阻碍土体内上下层间水、肥、气、热的交流和作物根系的下扎，使根系对水分养分等的吸收受到了限制，从而导致作物既不易耐旱而又容易倒伏，影响作物产量。

为了适应作物生长发育的要求并充分发挥土壤肥力的效应，要求土壤应具有比较适宜的结构状况，即土壤上虚下实，呈小团粒状，松紧适当，耕性良好。因此，创造良好的土壤结构是夺取高产稳产的重要条件。

3. 改良办法 一是改善生态条件，减少土壤的风蚀和水蚀，使土壤有一个相对稳定的成土过程；二是增加有机肥和有机物质的用量，加速土壤的腐殖质化过程，增加土壤的腐殖质含量，促进土壤结构的形成和改善；三是改变不合理的耕作方法，增加机械化耕作，增加耕层深度，打破犁底层，增加活土层的厚度，做到适时耕作，减少坷垃的形成。

第六节 耕地土壤属性综述与养分动态变化

一、土壤养分现状分析

中阳县3 400个样点测定结果表明（表3-43），耕地土壤有机质范围为2.28～26.00克/千克，平均含量为11.74克/千克；全氮为0.49～1.75克/千克，平均含量为0.91克/千克；有效磷范围为2.51～23.73毫克/千克，平均含量为9.72毫克/千克；缓效钾范围为467.20～1 080.37毫克/千克，平均含量为789.92毫克/千克；速效钾范围为42.18～240.20毫克/千克，平均含量为98.71毫克/千克；有效铜范围为0.31～2.43毫克/千克，平均含量为1.20毫克/千克；有效锌范围为0.37～3.30毫克/千克，平均含量为1.59毫克/千克；有效铁范围为3.00～12.67毫克/千克，平均含量为7.22毫克/千克；有效锰范围为3.52～16.00毫克/千克，平均值为9.74毫克/千克；有效硼范围为0.04～0.93

毫克/千克，平均含量为 0.15 毫克/千克；pH 范围为 7.81～9.84 毫克/千克，平均值为 8.55；有效硫范围为 9.27～120.08 毫克/千克，平均含量为 29.97 毫克/千克。

表 3 - 43　中阳县耕地土壤属性总体统计结果

项目名称	点位数（个）	平均值	最小值	最大值
有机质（克/千克）	3 400	11.74	2.28	26.00
全　氮（克/千克）	3 400	0.91	0.49	1.75
有效磷（毫克/千克）	3 400	9.72	2.51	23.73
缓效钾（毫克/千克）	3 400	789.92	467.20	1 080.37
速效钾（毫克/千克）	3 400	98.71	42.18	240.20
有效铜（毫克/千克）	1 100	1.20	0.31	2.43
有效锌（毫克/千克）	1 100	1.59	0.37	3.30
有效铁（毫克/千克）	1 100	7.22	3.00	12.67
有效锰（毫克/千克）	1 100	9.74	3.52	16.00
有效硼（毫克/千克）	1 100	0.15	0.04	0.93
pH	3 400	8.55	7.81	9.84
有效硫（毫克/千克）	1 100	29.97	9.27	120.08

备注：以上统计结果依据 2010—2011 年中阳县测土配方施肥项目土样化验结果。

二、土壤养分变化趋势分析

随着农业生产的发展及施肥、耕作经营管理水平的变化，耕地土壤有机质及大量元素也随之变化。本次化验结果与 2008 年测定值比较：全县耕地土壤有机质含量由 5.4 克/千克上升到 11.7 克/千克，全氮含量由 0.43 克/千克上升到 0.91 克/千克，有效磷含量由 6.8 毫克/千克上升到 9.8 毫克/千克，速效钾含量由 95 毫克/千克上升到 99 毫克/千克。

本次 3 年化验结果比较，从 2009—2011 年土壤养分含量总体呈上升趋势，但同时也应看到，土壤有效磷和速效钾上升幅度较低，影响了农作物产量和农产品品质，大量补充土壤磷、钾元素，增加磷肥、钾肥施用量，是今后一个时期增加农产品产量，提高耕地产出的最有效途径。

第四章　耕地地力评价

第一节　耕地地力分级

一、面积统计

中阳县耕地面积 198 072.33 亩。按照地力等级的划分指标，通过对 3 393 个评价单元耕地地力综合指数 *IFI* 值的计算，对照分级标准，确定每个评价单元的地力等级。全县共划分为 4 个等级，最高等级 1 级相当于国家 4~6 级的水平，最低等级 4 级，相当于国家 7~8 级的水平。汇总结果见表 4-1。

表 4-1　中阳县耕地地力分级统计

对应国家等级	等级（县）	面积（亩）	所占比重（%）
4~6	1	19 436.28	9.81
6	2	69 789.61	35.23
6~7	3	90 806.69	45.85
7~8	4	18 039.75	9.11
合　计		198 072.33	100

二、地域分布

中阳县耕地零星分布在全县的各个区域，主要分布在金罗镇，宁乡镇，暖泉镇，武家庄镇，下枣林乡，张子山乡，枝柯镇，具体见表 4-2。

表 4-2　中阳县各乡（镇）地力等级分布面积

单位：亩

级别	一级		二级		三级		四级		乡（镇）面积合计
	面积	%	面积	%	面积	%	面积	%	
金罗镇	1 688.9	8.69	8 101.79	11.61	7 410.14	8.16	1 053.28	5.84	18 254.11
宁乡镇	5 380.28	27.68	14 084.48	20.18	11 289.61	12.43	11 050.95	61.26	41 805.32
暖泉镇	5 828.55	29.99	7 435.28	10.65	24 192.45	26.64	0	0	37 456.28
武家庄镇	3 733.5	19.21	9 683.86	13.88	11 536.5	12.70	1 185.63	6.57	26 139.49
下枣林乡	2 148.53	11.05	9 764.82	13.99	14 058.42	15.48	3 606.39	19.99	29 578.16
张子山乡	49.93	0.26	5 655.79	8.10	14 773.24	16.27	22.46	0.12	20 501.42
枝柯镇	606.59	3.12	15 063.59	21.58	7 546.33	8.31	1 121.04	6.21	24 337.55
合　计	19 436.28	100	69 789.61	100	90 806.69	100	18 039.75	100	198 072.33

第二节 耕地地力等级分布

一、一 级 地

（一）面积和分布

该级耕地主要分布在金罗镇、宁乡镇、暖泉镇、武家庄镇、下枣林乡、张子山乡、枝柯镇，面积为 19 436.28 亩，占全县总耕地面积的 9.81%。

（二）主要属性分析

该级耕地地势平缓，侵蚀轻微，地面坡度 2°～5°，园田化水平较高。土壤主要包括山地棕壤、灰褐土，成土母质为黄土母质和红土母质。耕层质地为多为壤土，土体构型为壤夹沙、壤夹黏，有效土层厚度为 100～300 厘米，平均为 150 厘米，耕层厚度为 25 厘米。土壤 pH 变化范围为 7.81～9.84，平均值为 8.55。

该级耕地土壤有机质平均含量为 11.90 克/千克，属省四级水平，比全县平均含量 11.74 克/千克高 0.16 克/千克；全氮平均含量为 0.87 克/千克，属省四级水平，比全县平均含量 0.91 克/千克低 0.04 克/千克；有效磷平均含量为 9.30 毫克/千克，属省五级水平，比全县平均含量 9.72 毫克/千克低 0.42 毫克/千克；速效钾平均含量为 93.14 毫克/千克，属省五级水平，比全县平均含量 98.71 毫克/千克低 5.57 毫克/千克；有效硫平均含量为 26.36 毫克/千克，属省四级水平，比全县平均含量 29.97 毫克/千克低 3.61 毫克/千克；有效锰平均含量为 10.39 毫克/千克，属省四级水平，比全县平均含量 9.74 毫克/千克高 0.65 毫克/千克；有效硼平均含量为 0.15 毫克/千克，属省六级水平，与全县平均含量 0.15 毫克/千克相同；有效铜平均含量为 1.24 毫克/千克，属省三级水平，比全县平均含量 1.20 毫克/千克高 0.02 毫克/千克；有效锌平均含量为 1.70 毫克/千克，属省二级水平，比全县平均含量 1.59 毫克/千克高 0.11 毫克/千克；有效铁平均含量为 7.37 毫克/千克，属省四级水平，比全县平均含量 7.22 毫克/千克高 0.15 毫克/千克。详见表 4-3。

表 4-3 一级地土壤养分统计

项 目	平均值	最大值	最小值	标准差	变异系数
有机质	11.90	26.00	4.26	4.99	0.42
全 氮	0.87	1.33	0.59	0.13	0.15
有效磷	9.30	19.06	4.16	3.56	0.38
速效钾	93.14	167.33	48.72	23.70	0.25
缓效钾	757.97	960.79	533.60	92.54	0.12
pH	8.58	9.06	8.12	0.19	0.02
有效硫	26.36	56.75	11.85	7.58	0.29
有效锰	10.39	15.34	4.85	2.37	0.23

（续）

项　目	平均值	最大值	最小值	标准差	变异系数
有效硼	0.15	0.54	0.04	0.07	0.45
有效铜	1.24	2.30	0.64	0.38	0.31
有效锌	1.70	3.30	0.54	0.54	0.32
有效铁	7.37	10.01	3.67	1.08	0.15

注：表中各项单位为：有机质、全氮为克/千克，pH 无单位，其他均为毫克/千克。

该级耕地农作物生产历来水平较高，从农户调查表来看，沟坝地玉米平均亩产 450 千克左右，效益显著；蔬菜占全县的 70% 以上，是中阳县重要的蔬菜生产基地。

（三）主要存在问题

一是土壤地力与高产高效需求仍不适应，如有些地块田面坡度偏大，地形部位不利于进行规模化种植；二是地下水资源趋于逐年频发走势，地下水位持续下降，使现有水浇地灌溉设施需更新，一级阶地可利用小溪小河断流，加大了生产成本；三是农民重工轻农，重化肥、轻农肥，化肥施用量不断提升，有机肥施用量严重不足，使肥料施用比例失调，破坏了土壤理化性状，导致土壤板结；四是少部分位于城郊和工矿企业附近的地块，受空气和地下水污染，对农作物的产量和品质形成一定影响。

（四）合理利用

该级耕地在利用上应大力发展设施农业，加快蔬菜生产发展，并注意培肥地力，进行规模化、集约化、机械化生产，推广水肥一体化以及建设高标准农田。

二、二 级 地

（一）面积与分布

主要分布在金罗镇、宁乡镇、暖泉镇、武家庄镇、下枣林乡、张子山乡、枝柯镇，面积 69 789.61 亩，占耕地面积的 35.24%。

（二）主要属性分析

该级耕地包括山地棕壤、灰褐土、草甸土 3 个土类，成土母质为洪积物和黄土母质，质地多为壤土，地面平坦，地面坡度 3°～5°，园田化水较高。有效土层厚度为 200 厘米，耕层厚度平均为 20 厘米，该级土壤 pH 为 7.79～8.78 之间，平均值为 7.85。

该级耕地土壤有机质平均含量为 13.51 克/千克，属省四级水平；全氮平均含量为 0.90 克/千克，属省四级水平；有效磷平均含量为 11.44 毫克/千克，属省四级水平；速效钾平均含量为 108.12 毫克/千克，属省四级水平；有效硫平均含量为 30.29 毫克/千克，属省四级水平；有效锰平均含量为 10.09 毫克/千克，属省四级水平；有效硼平均含量为 0.15 毫克/千克，属省六级水平；有效铜平均含量为 1.21 毫克/千克，属省三级水平；有效锌平均含量为 1.56 毫克/千克，均属省二级水平；有效铁平均含量为 7.33 毫克/千克，属省 4 级水平。详见表 4-4

表4-4 二级地土壤养分统计

项 目	平均值	最大值	最小值	标准差	变异系数
有机质	13.51	25.34	5.34	3.60	0.27
全 氮	0.90	1.61	0.56	0.11	0.12
有效磷	11.44	23.73	2.51	2.90	0.25
速效钾	108.12	183.67	57.53	20.16	0.19
缓效钾	814.82	1 080.37	483.80	77.89	0.10
pH	8.53	9.06	7.81	0.15	0.02
有效硫	30.29	120.08	9.27	9.77	0.32
有效锰	10.09	16.00	3.52	2.35	0.23
有效硼	0.15	0.93	0.04	0.07	0.46
有效铜	1.21	2.36	0.41	0.35	0.29
有效锌	1.56	3.30	0.37	0.48	0.31
有效铁	7.33	12.67	3.00	1.70	0.23

注：表中各项单位为：有机质、全氮为克/千克，pH无单位，其他均为毫克/千克。

该级耕地主要种植粮、菜，粮食生产处于全县上游水平，是中阳县重要的粮、菜生产基地。

（三）主要存在问题

一是盲目施肥现象较普遍，不能真正地将测土配方施肥技术落到实处，农民大多沿袭自己常规的施肥方法和技术；二是图方便，重化肥，轻农肥，出现了相当一部分"卫生田"，导致产量高、品质差，效益低；三是由于长期不合理施肥，使土壤化学性状发生改变，破坏了土壤原有较稳定的理化性状，不利于农田的持续高产、稳产；四是由于中阳县山高沟深，立地条件不好，尽管大搞农田基本建设，但机械化耕作面积仍然相当低，规模化、田园化种植面积小、水平低。

（四）合理利用

该级耕地应以"用养结合"，培肥地力为主，一是合理布局，实行轮作，倒茬，尽可能做到须根与直根、深根与浅根、豆科与禾本科作物轮作；二是推广秸秆还田，提高土壤有机质含量；三是推广测土配方施肥技术，提高肥料利用率。

三、三 级 地

（一）面积与分布

主要分布在金罗镇、宁乡镇、暖泉镇、武家庄镇、下枣林乡、张子山乡、枝柯镇，面积为90 806.69亩，占耕地面积的45.85%。

（二）主要属性分析

该级耕地自然条件较好，地势平坦。耕地包括灰褐土、草甸土2个土类，成土母质为黄土母质，耕层质地为中壤、轻壤，土层深厚，有效土层厚度为200厘米以上，耕层厚度

为 20 厘米。地面基本平坦，地面坡度 2°～5°，园田化水平较高。该级的 pH 变化范围为
7.81～9.82，平均值为 8.55。

该级耕地土壤有机质平均含量为 9.88 克/千克，属省五级水平；全氮平均含量为
0.90 克/千克，属省四级水平；有效磷平均含量为 8.53 毫克/千克，属省五级水平；速效
钾平均含量为 92.23 毫克/千克，属省五级水平；有效硫平均含量为 30.09 毫克/千克，属
省四级水平；有效锰平均含量为 9.27 毫克/千克，属省四级水平；有效硼平均含量为
0.16 毫克/千克，属省六级水平；有效铜平均含量为 1.18 毫克/千克，属省三级水平；有
效锌平均含量为 1.63 毫克/千克，均属省二级水平；有效铁平均含量为 7.18 毫克/千克，
属省四级水平。详见表 4 - 5

表 4 - 5　三级地土壤养分统计

项　目	平均值	最大值	最小值	标准差	变异系数
有机质	9.88	23.97	2.28	3.68	0.37
全　氮	0.90	1.75	0.49	0.13	0.15
有效磷	8.53	19.06	2.84	2.92	0.34
速效钾	92.23	210.80	42.18	20.71	0.22
缓效钾	771.73	1 080.37	467.20	81.67	0.11
pH	8.57	9.84	7.96	0.19	0.02
有效硫	30.09	120.08	11.85	10.37	0.34
有效锰	9.27	15.67	3.79	2.28	0.25
有效硼	0.16	0.30	0.04	0.04	0.28
有效铜	1.18	2.43	0.31	0.32	0.27
有效锌	1.63	3.10	0.41	0.50	0.31
有效铁	7.18	12.33	4.00	1.11	0.15

注：表中各项单位为：有机质、全氮为克/千克，pH 无单位，其他均为毫克/千克。

该级所在区域，粮食生产水平较高，据调查统计，玉米平均亩产 380 千克。

（三）主要存在问题

一是有机肥施用量少，土壤有机质含量低，加之立地条件不好，耕地坡度较大，土壤
蓄水保肥能力差，水土流失现象较严重；二是耕层的活土层有效厚度不足，农作物抗御自
然灾害能力较弱；三是农民配方施肥技术意识不浓，盲目性大，从一定程度上破坏了土壤
的理化性状，有些地块呈现增产不增效现象。

（四）合理利用

该区农业生产水平属中上，粮食产较高，就立地条件、土壤条件而言，并没有充分显
示出高产性能。因此，应采用科学的综合栽培技术，如选用优种、科学管理、平衡施肥
等，充分发挥土壤的丰产性能，夺取各种作物高产。

该区今后应在种植业发展方向上主攻玉米、豆类、小杂粮，在有条件的地方发展旱地
蔬菜生产。

四、四级地

（一）面积与分布

主要零星分布在金罗镇、宁乡镇、武家庄镇、下枣林乡、张子山乡、枝柯镇，面积为 18 039.75 亩，占耕地面积的 9.11%。

（二）主要属性分析

该土地分布范围较大，土壤类型复杂，主要包括灰褐土、草甸土等，成土母质有黄土母质，耕层质地为中壤、轻壤，有效土层厚度为 200 厘米以上，耕层厚度平均为 19 厘米。无灌溉条件，地面基本平坦，地面坡度 10°～15°。该级土壤 pH 为 7.69～9.04，平均值为 8.25。

该级耕地土壤有机质平均含量为 13.91 克/千克，属省四级水平；全氮平均含量为 0.94 克/千克，属省四级水平；有效磷平均含量为 9.84 毫克/千克，属省五级水平；速效钾平均含量为 100.86 毫克/千克，属省四级水平；有效硫平均含量为 30.44 毫克/千克，属省四级水平；有效锰平均含量为 10.24 毫克/千克，属省四级水平；有效硼平均含量为 0.12 毫克/千克，属六级水平；有效铜平均含量为 1.23 毫克/千克，属省三级水平；有效锌平均含量为 1.45 毫克/千克，属省三级水平；有效铁平均含量为 7.04 毫克/千克，属省四级水平。详见表 4-6

表 4-6　四级地土壤养分统计

项　目	平均值	最大值	最小值	标准差	变异系数
有机质	13.91	23.31	4.92	3.93	0.28
全　氮	0.94	1.57	0.69	0.15	0.16
有效磷	9.84	19.06	2.84	2.95	0.30
速效钾	100.86	240.20	54.26	24.72	0.25
缓效钾	807.66	1080.37	533.60	85.01	0.11
pH	8.51	9.37	7.96	0.18	0.02
有效硫	30.44	86.69	14.68	9.45	0.31
有效锰	10.24	14.33	4.59	2.11	0.21
有效硼	0.12	0.32	0.04	0.04	0.34
有效铜	1.23	2.43	0.45	0.39	0.31
有效锌	1.45	3.30	0.48	0.53	0.37
有效铁	7.04	11.67	4.66	1.22	0.17

注：表中各项单位为：有机质、全氮为克/千克，pH 无单位，其他均为毫克/千克。

该级耕地主要种植作物以杂粮为主，谷子平均亩产量为 200 千克，均处于全县的中等水平。

（三）主要存在问题

一是立地条件中田面坡度较大，农田基本建设程度较差，水土流失严重；二是该耕作区劳动力大多外出打工，务农的妇女、老人文化素质较低，施肥技术差，导致施肥从种类、数量、比例和施用方式方法都是盲目性大，加之县乡技术力量薄弱，人员少，水平低，将有效的技术力量放在一级、二级、三级高产高效田里，疏于对四级地的指导；三是土壤贫瘠，耕层有效厚度不足，施肥量少，有机质含量低，土壤理化性状不良，蓄水保肥能力差，肥力低下，严重影响了产量和效益。

(四) 合理利用

由于土壤肥力水平总体低，施肥养分失调，大大地限制了作物增产。因此，要大力推广平衡施肥技术，进一步发挥耕地的增产潜力。

第五章 中低产田类型分布及改良利用

第一节 中低产田类型及分布

中低产田是指存在各种制约农业生产的土壤障碍因素，产量相对低而不稳定的耕地。

通过对中阳县耕地地力状况的调查，根据土壤主导障碍因素的改良主攻方向，依据中华人民共和国农业部发布的行业标准 NY/T 310—1996，引用《山西省中低产田类型划分与改良技术规程》，结合实际进行分析，中阳县中低产田划分为两个类型：坡地梯改型、瘠薄培肥型。中低产田面积为 178 636.05 亩，占总耕地面积的 90.19%。各类型面积情况统计见表 5-1。

表 5-1　中阳县中低产田各类型面积情况统计

类　型	面积（亩）	占总耕地面积（%）	占中低产田面积（%）
瘠薄培肥型	106 898.49	53.97	59.84
坡地梯改型	71 737.56	36.22	40.16
合　　计	178 636.05	90.19	100

一、瘠薄培肥型

瘠薄培肥型是指受气候、地形条件限制，造成干旱、缺水、土壤养分含量低、结构不良、投肥不足、产量低于当地高产农田，只能通过连年深耕、培肥土壤、改革耕作制度，推广旱作农业技术等长期性的措施逐步加以改良的耕地。

中阳县瘠薄培肥型中低产田面积为 106 898.49 亩，占总耕地面积的 53.97%，共有 2 016 个评价单元。分布于全县 7 个乡（镇）的残垣地、梯田地、新建沟坝地和坡地。

二、坡地梯改型

坡地梯改型是指主导障碍因素为土壤侵蚀，以及与其相关的地形，地面坡度、土体厚度、土体构型与物质组成、耕作熟化层厚度与熟化程度等，需要通过修筑梯田埂等田间水保工程加以改良治理的坡耕地。

中阳县坡地梯改型中低产田面积为 71 737.56 亩，占总耕地面积的 36.22%，共有 1 168 个评价单元。分布于全县 7 个乡（镇）海拔为 800～1 400 米的黄土丘陵区的坡耕地。

第二节　生产性能及存在问题

一、瘠薄培肥型

该类型区域土壤轻度侵蚀或中度侵蚀，耕地类型有残垣地、梯田地、新建沟坝地和坡地，土壤类型为黄绵土、栗褐土、粗骨土，各种地形、质地均有，有效土层厚度大于150厘米，耕层厚度20厘米左右，地力等级为3～4级，耕层养分含量有机质9.90克/千克，全氮0.88克/千克，有效磷8.89毫克/千克，速效钾101.19毫克/千克。存在的主要问题是田面不平，水土流失，干旱缺水，土壤养分含量低。

二、坡地梯改型

该类型区地面坡度＞10°，以中度侵蚀为主，园田化水平较低，土壤类型为黄绵土、栗褐土、粗骨土，土壤母质为黄土母质，耕层质地为轻壤、中壤，质地构型有通体壤、壤夹黏，有效土层厚度大于150厘米，耕层厚度18～20厘米，地力等级多为3～4级，耕地土壤有机质含量9.87克/千克，全氮0.89克/千克，有效磷9.17毫克/千克，速效钾98.78毫克/千克。存在的主要问题是水土流失严重，土体发育微弱，土壤干旱瘠薄、耕层浅。

中阳县中低产田各类型土壤养分含量平均值见表5-2。

表5-2　中阳县中低产田土壤养分含量平均值统计

项　目	瘠薄培肥型	坡地梯改型	平均值
有机质（克/千克）	9.90	9.87	9.89
全氮（克/千克）	0.88	0.89	0.89
有效磷（毫克/千克）	8.89	9.17	9.03
速效钾（毫克/千克）	101.19	98.78	99.99
缓效钾（毫克/千克）	787.97	790.91	789.44
有效硫（毫克/千克）	25.95	29.34	27.65
有效铜（毫克/千克）	1.22	1.23	1.23
有效锰（毫克/千克）	9.91	9.68	9.80
有效锌（毫克/千克）	1.77	1.72	1.75
有效铁（毫克/千克）	7.54	7.55	7.55
有效硼（毫克/千克）	0.17	0.17	0.17

第三节　改良利用措施

中阳县中低产田面积178 636.05亩，占总耕地面积的90.19%，严重影响全县农业生产的发展和农业经济效益，应因地制宜进行改良。

中低产田改良的基本原则是统一规划，综合治理，先易后难，分期实施，以点带面，分类指导，搞好技术开发，注意远近期结合，并与区域开发、生产基本建设等紧密衔接。中低产田改良是一项长期而艰巨的任务，不单纯是提高当年产量，而是着眼于根本性的提高综合生产能力的基本建设。针对不同类型中低产田采取综合措施，清除或减轻制约产量的土壤各种障碍因素，提高耕地基础地力等级，改善农业生产条件。在改良中低产田中，应通过水、土、田、路综合治理，提高土地的可持续生产能力。

中阳县各类中低产田均应采取以下五项综合治理措施：

1. 水、土、田、路综合治理 该县有20%左右的耕地，目前还没有田间作业道路，造成农业机械无法通行，农业生产资料和农产品很难运输；坡耕地上没有保水蓄水设施和合理的水路。因此，加剧了地面径流对耕地土壤的侵蚀等。为此，今后应开展大规模的农田道路、水路的规范化建设，并在道路两旁配套建设蓄水旱井，达到田间农机畅通灌溉方便的目标。

2. 增施有机肥 通过增施以沼渣、沼液为主的经处理达到无害化标准的有机肥和秸秆还田等措施，增加土壤有机质含量，改善土壤理化性状，提高土壤蓄水保肥能力。

3. 推广配方施肥 依据当地土壤实际情况和作物需肥规律选用合理配比，有效控制化肥不合理施用对土壤性状的影响，达到提高农产品产量、改善农产品品质的目的。

（1）巧施氮肥：速效性氮肥极易分解，通常施入土壤中的氮素化肥的利用率只有25%~50%，或者更低。这说明施入土壤中的氮素，挥发渗漏损失严重。所以，在施用氮素化肥时，一定注意施肥方法、施肥量和施肥时期，提高氮肥利用率，减少损失。

（2）重施磷肥：本地属石灰性土壤，土壤中的磷常被固定，而不能发挥肥效，加上部分群众重氮轻磷，作物吸收的磷素得不到及时补充。因此，要重施磷肥。

（3）增施钾肥：该区土壤中钾的含量虽然在短期内不会成为限制农业生产的主要因素，但随着农业生产进一步发展和作物产量的不断提高，土壤中的有效钾的含量也会处于不足状态。所以，在生产中，应定期监测土壤中钾的动态变化，及时补充钾素。

（4）重视施用微肥：作物对微量元素肥料需要量虽然很小，但能提高产品产量和品质，有其他大量元素不可替代的作用。据调查，全县土壤硼、锌、锰、铁等含量均不高，特别是钼含量及低。因此，必须重视微肥的施用。

4. 深松耕 全县耕地普遍存在犁底层、影响作物根系下扎的问题，因此在有条件的地块应进行深松耕打破犁底层，为作物根系生长创造良好的土壤环境。

5. 大力推广地膜覆盖 针对该县土壤水分蒸发量大，致使干旱严重的现实，在有条件的地块实施地膜覆盖，有效阻止土壤水分蒸发，最大限度地保蓄土壤水分。

然而，不同的中低产田类型有其自身的特点，在改良利用中应针对这些特点，采取相应的措施，现分述如下：

一、瘠薄培肥型中低产田的改良利用

通过深耕翻、秸秆覆盖还田，种植绿肥，加厚耕作层，改善耕层的理化性状；增施有机肥、配方肥，增加土壤养分含量。

二、坡地梯改型中低产田的改良利用

要通过实施修筑梯田（水平梯田、隔坡梯田、缓坡梯田）为中心的田间保水工程，以增加梯田土体厚度，耕层熟化层厚度。地面坡度较小的（5°～10°）地方可修筑水平梯田，田面宽度以 12～18 米为宜；对于坡度为 10～15°之间的坡地，以修筑隔坡梯田较为理想，要求平段田面宽为 8.5～12 米，隔坡长度为 21～30 米，平坡比 1/2.5，地埂高度为 1～1.5 米较为适宜。

第六章　耕地地力评价与测土配方施肥

第一节　测土配方施肥的原理与方法

一、测土配方施肥的含义

测土配方施肥是以肥料田间试验、土壤测试为基础，根据作物需肥规律、土壤供肥性能和肥料效应，在合理施用有机肥料的基础上，提出氮、磷、钾及中、微量元素等肥料的施用品种、数量、施肥时期和施用方法。通俗地讲，就是在农业科技人员指导下科学施用配方肥。测土配方施肥技术的核心是调整和解决作物需肥与土壤供肥之间的矛盾。同时有针对性地补充作物所需的营养元素，作物缺什么元素就补充什么元素，需要多少补充多少，实现各种养分平衡供应，满足作物的需要。达到增加作物产量、改善农产品品质、节省劳力、节支增收的目的。

二、应用前景

土壤有效养分是作物营养的主要来源，施肥是补充和调节土壤养分数量与补充作物营养最有效手段之一。作物因其种类、品种、生物学特性、气候条件以及农艺措施等诸多因素的影响，其需肥规律差异较大。因此，及时了解不同作物种植土壤中的土壤养分变化情况，对于指导科学施肥具有广阔的发展前景。

测土配方施肥是一项应用性很强的农业科学技术，在农业生产中大力推广应用，对促进农业增效、农民增收具有十分重要的作用。通过测土配方施肥的实施，能达到五个目标：一是节肥增产。在合理施用有机肥的基础上，提出合理的化肥投入量，调整养分配比，使作物产量在原有基础上能最大限度地发挥其增产潜能；二是提高产品品质。通过田间试验和土壤养分化验，在掌握土壤供肥状况，优化化肥投入的前提下，科学调控作物所需养分的供应，达到改善农产品品质的目标；三是提高肥效。在准确掌握土壤供肥特性，作物需肥规律和肥料利用率的基础上，合理设计肥料配方，从而达到提高产投比和增加施肥效益的目标；四是培肥改土。实施测土配方施肥必须坚持用地与养地相结合、有机肥与无机肥相结合，在逐年提高作物产量的基础上，不断改善土壤的理化性状，达到培肥和改良土壤，提高土壤肥力和耕地综合生产能力，实现农业可持续发展；五是生态环保。实施测土配方施肥，可有效地控制化肥特别是氮肥的投入量，提高肥料利用率，减少肥料的面源污染，避免因施肥引起的富营养化，实现农业高产和生态环保相协调的目标。

三、测土配方施肥的依据

1. 土壤肥力是决定作物产量的基础　肥力是土壤的基本属性和质的特征，是土壤从养分条件和环境条件方面，供应和协调作物生长的能力。土壤肥力是土壤的物理、化学、生物学性质的反映，是土壤诸多因子共同作用的结果。农业科学家通过大量的田间试验和多种元素的测定证明，作物产量的构成，有 $40\%\sim80\%$ 的养分吸收自土壤。养分吸收自土壤比例的大小和土壤肥力的高低有着密切的关系，土壤肥力越高，作物吸自土壤养分的比例就越大，相反，土壤肥力越低，作物吸自土壤的养分越少，那么肥料的增产效应相对增大，但土壤肥力低绝对产量也低。要提高作物产量，首先要提高土壤肥力，而不是依靠增加肥料。因此，土壤肥力是决定作物产量的基础。

2. 测土配方施肥的主要原则　有机与无机相结合、大中微量元素相配合、用地和养地相结合是测土配方施肥的主要原则，实施配方施肥必须以有机肥为基础，土壤有机质含量是土壤肥力的重要指标。增施有机肥可以增加土壤有机质含量，改善土壤理化生物性状，提高土壤保水保肥性能，增强土壤活性，促进化肥利用率的提高，各种营养元素的配合才能获得高产稳产。要使作物—土壤—肥料形成物质和能量的良性循环，必须坚持用养结合，投入产出相对平衡，保证土壤肥力的逐步提高，达到农业的可持续发展。

3. 测土配方施肥的理论依据　测土配方施肥是以养分归还学说、最小养分律、同等重要律、不可代替律、肥料效应报酬递减律和多因子综合作用律等为理论依据，以确定不同养分的施肥总量和肥料配比为主要内容，同时，注意良种、田间管护等影响肥效的诸多因素，形成了测土配方施肥的综合资源管理体系。

（1）养分归还学说：作物产量的形成有 $40\%\sim80\%$ 的养分来自土壤。但不能把土壤看作一个取之不尽，用之不竭的"养分库"。为保证土壤有足够的养分供应容量和强度，保证土壤养分的输出与输入间的平衡，必须通过施肥这一措施来实现。依靠施肥，可以把作物吸收的养分"归还"土壤，确保土壤肥力。

（2）最小养分律：作物生长发育需要吸收各种养分，但严重影响作物生长，限制作物产量的是土壤中那种相对含量最小的养分因素。也就是最缺的那种养分。如果忽视这个最小养分，即使继续增加其他养分，作物产量也难以提高。只有增加最小养分的量，产量才能相应提高。经济合理的施肥是将作物所缺的各种养分同时按作物所需比例相应提高，作物才会优质高产。

（3）同等重要律：对作物来讲，不论大量元素或微量元素，都是同样重要缺一不可的，即使缺少某一种微量元素，尽管它的需要量很少，仍会影响某种生理功能而导致减产。微量元素和大量元素同等重要，不能因为需要量少而忽略。

（4）不可替代律：作物需要的各种营养元素，在作物体内都有一定的功效，相互之间不能替代，缺少什么营养元素，就必须施用含有该元素的肥料进行补充，不能互相替代。

（5）报酬递减律：随着投入的单位劳动和资本量的增加，报酬的增加却在减少，当施肥量超过适量时，作物产量与施肥量之间单位施肥量的增产会呈递减趋势。

（6）多因子综合作用律：作物产量的高低是由影响作物生长发育诸因素综合作用的结

果，但其中必有一个起主导作用的限制因子，产量在一定程度上受该限制因素的制约。为了充分发挥肥料的增产作用和提高肥料的经济效益，一方面，施肥措施必须与其他农业技术措施相结合，发挥生产体系的综合功能；另一方面，各种养分之间的配合施用，也是提高肥效不可忽视的问题。

四、测土配方施肥确定施肥量的基本方法

1. 土壤与植物测试推荐施肥方法　该技术综合了目标产量法、养分丰缺指标法和作物营养诊断法的优点。对于大田作物，在综合考虑有机肥、作物秸秆应用和管理措施的基础上，根据氮、磷、钾和中、微量元素养分的不同特征，采取不同的养分优化调控与管理策略。其中，氮肥推荐根据土壤供氮状况和作物需氮量，进行实时动态监测和精确调控，包括基肥和追肥的调控；磷、钾通过土壤测试和养分平衡进行监控；中、微量元素采用因缺补缺的矫正施肥策略。该技术包括氮素实时监控、磷钾养分恒量监控和中、微量元素养分矫正施肥技术。

（1）氮素实时监控施肥技术：根据不同土壤、不同作物、不同目标产量确定作物需氮量，以需氮量的30%～60%作为基肥用量。具体基施比例根据土壤全氮含量，同时参照当地丰缺指标来确定。一般在全氮含量偏低时，采用需氮量的50%～60%作为基肥；在全氮含量居中时，采用需氮量的40%～50%作为基肥；在全氮含量偏高时，采用需氮量的30%～40%作为基肥。30%～60%基肥比例可根据上述方法确定，并通过"3414"田间试验进行校验，建立当地不同作物的施肥指标体系。有条件的地区可在播种前对0～20厘米土壤无机氮进行监测，调节基肥用量。

$$基肥用量（千克/亩）=\frac{（目标产量需氮量－土壤无机氮）\times（30\%～60\%）}{肥料中养分含量\times肥料当季利用率}$$

其中：土壤无机氮（千克/亩）＝土壤无机氮测试值（毫克/千克）×0.15×校正系数

氮肥追肥用量推荐以作物关键生育期的营养状况诊断或土壤硝态氮的测试为依，这是实现氮肥准确推荐的关键环节，也是控制过量施氮或施氮不足、提高氮肥利用率和减少损失的重要措施。测试项目主要是土壤全氮含量、土壤硝态氮含量或小麦拔节期茎基部硝酸盐浓度、玉米最新展开叶叶脉中部硝酸盐浓度，水稻采用叶色卡或叶绿素仪进行叶色诊断。

（2）磷钾养分恒量监控施肥技术：根据土壤有（速）效磷、钾含量水平，以土壤有（速）效磷、钾养分不成为实现目标产量的限制因子为前提，通过土壤测试和养分平衡监控，使土壤有（速）效磷、钾含量保持在一定范围内。对于磷肥，基本思路是根据土壤有效磷测试结果和养分丰缺指标进行分级，当有效磷水平处在中等偏上时，可以将目标产量需要量（只包括带出田块的收获物）的100%～110%作为当季磷肥用量；随着有效磷含量的增加，需要减少磷肥用量，直至不施；随着有效磷的降低，需要适当增加磷肥用量，在极缺磷的土壤上，可以施到需要量的150%～200%。在2～3年后再次测土时，根据土壤有效磷和产量的变化再对磷肥用量进行调整。钾肥首先需要确定施用钾肥是否有效，再参照上面方法确定钾肥用量，但需要考虑有机肥和秸秆还田带入的钾量。一般大田作物

磷、钾肥料全部做基肥。

（3）中、微量元素养分矫正施肥技术：中、微量元素养分的含量变幅大，作物对其需要量也各不相同。主要与土壤特性（尤其是母质）、作物种类和产量水平等有关。矫正施肥就是通过土壤测试，评价土壤中、微量元素养分的丰缺状况，进行有针对性的因缺补缺的施肥。

2. 肥料效应函数法　根据"3414"方案田间试验结果建立当地主要作物的肥料效应函数，直接获得某一区域、某种作物的氮、磷、钾肥料的最佳施用量，为肥料配方和施肥推荐提供依据。

3. 土壤养分丰缺指标法　通过土壤养分测试结果和田间肥效试验结果，建立不同作物、不同区域的土壤养分丰缺指标，提供肥料配方。

土壤养分丰缺指标田间试验也可采用"3414"部分实施方案。"3414"方案中的处理1为空白对照（CK），处理6为全肥区（NPK），处理2、4、8为缺素区（即PK、NK和NP）。收获后计算产量，用缺素区产量占全肥区产量百分数即相对产量的高低来表达土壤养分的丰缺情况。相对产量低于50%的土壤养分为极低；相对产量50%～60%（不含）为低，60%～70%（不含）为较低，70%～80%（不含）为中，80%～90%（不含）为较高，90%（含）以上为高（也可根据当地实际确定分级指标），从而确定适用于某一区域、某种作物的土壤养分丰缺指标及对应的肥料施用数量。对该区域其他田块，通过土壤养分测试，就可以了解土壤养分的丰缺状况，提出相应的推荐施肥量。

4. 养分平衡法

（1）基本原理与计算方法：根据作物目标产量需肥量与土壤供肥量之差估算施肥量，计算公式为：

$$施肥量（千克/亩）=\frac{目标产量所需养分总量-土壤供肥量}{肥料中养分含量\times肥料当季利用率}$$

养分平衡法涉及目标产量、作物需肥量、土壤供肥量、肥料利用率和肥料中有效养分含量五大参数。土壤供肥量即为"3414"方案中处理1的作物养分吸收量。目标产量确定后因土壤供肥量的确定方法不同，形成了地力差减法和土壤有效养分校正系数法两种。

地力差减法是根据作物目标产量与基础产量之差来计算施肥量的一种方法。其计算公式为：

$$施肥量（千克/亩）=\frac{（目标产量-基础产量）\times单位经济产量养分吸收量}{肥料中养分含量\times肥料利用率}$$

基础产量即为"3414"方案中处理1的产量。

土壤有效养分校正系数法是通过测定土壤有效养分含量来计算施肥量。其计算公式为：

$$施肥量（千克/亩）=\frac{作物单位产量养分吸收量\times目标产量-土壤测试值\times0.15\times土壤有效养分校正系数}{肥料中养分含量\times肥料利用率}$$

（2）有关参数的确定：

——目标产量

目标产量可采用平均单产法来确定。平均单产法是利用施肥区前3年平均单产和年递增率为基础确定目标产量，其计算公式是：

目标产量（千克/亩）＝（1＋递增率）×前 3 年平均单产（千克/亩）

一般粮食作物的递增率为 10%～15%，露地蔬菜为 20%，设施蔬菜为 30%。

——作物需肥量

通过对正常成熟的农作物全株养分的分析，测定各种作物百千克经济产量所需养分量，乘以目标常量即可获得作物需肥量。

$$作物目标产量所需养分量（千克/亩）＝\frac{目标产量×100 千克产量所需养分量}{100}$$

——土壤供肥量

土壤供肥量可以通过测定基础产量、土壤有效养分校正系数两种方法估算：

通过基础产量估算（处理 1 产量）：不施肥区作物所吸收的养分量作为土壤供肥量。

$$\frac{土壤供肥量}{（千克/亩）}＝\frac{不施肥区农作物产量（千克）×100 千克产量所需养分量（千克）}{100}$$

通过土壤有效养分校正系数估算：将土壤有效养分测定值乘一个校正系数，以表达土壤"真实"供肥量。该系数称为土壤有效养分校正系数。

$$土壤有效养分校正系数（%）＝\frac{缺素区作物地上部分吸收该元素量（千克/亩）}{该元素土壤测定值（毫克/千克）×0.15}$$

——肥料利用率

吸收的养分量，其差值视为肥料供应的养分量，再除以所用肥料养分量就是肥料利用率。

$$肥料利用率（%）＝\frac{施肥区农作物吸收养分量－缺素区农作物吸收养分量}{肥料利用率×肥料中养分含量}×100$$

上述公式以计算氮肥利用率为例来进一步说明。

施肥区（NPK 区）农作物吸收养分量（千克/亩）："3414"方案中处理 6 的作物总吸氮量；

缺氮区（PK 区）农作物吸收养分量（千克/亩）："3414"方案中处理 2 的作物总吸氮量；

肥料施用量（千克/亩）：施用的氮肥肥料用量；

肥料中养分含量（%）：施用的氮肥肥料所标明的含氮量。

如果同时使用了不同品种的氮肥，应计算所用的不同氮肥品种的总氮量。

——肥料养分含量

供施肥料包括无机肥料与有机肥料。无机肥料、商品有机肥料含量按其标明量，不明养分含量的有机肥料养分含量可参照当地不同类型有机肥养分平均含量获得。

第二节　主要作物测土配方施肥技术

立足中阳县实际情况，根据历年来的玉米、马铃薯、谷子、果菜等作物的产量水平，土壤养分检测结果，田间肥料效应试验结果，同时结合全县农田基础，制定了玉米、马铃薯、谷子配方施肥方案，提出了玉米、马铃薯、谷子的主体施肥配方方案，并和配方肥生产企业联合，大力推广应用配方肥，取得了很好的实施效果。

制定施肥配方的原则：

（1）施肥数量准确：根据土壤肥力状况、作物营养需求，合理确定不同肥料品种施用数量，满足农作物目标产量的养分需求，防止过量施肥或施肥不足。

（2）施肥结构合理：提倡秸秆还田，增施有机肥料，兼顾中、微量元素肥料，做到有机无机相结合，氮、磷、钾养分相均衡，不偏施或少施某一养分。

（3）施用时期适宜：根据不同作物的阶段性营养特征，确定合理的基肥追肥比例和适宜的施肥时期，满足作物养分敏感期和快速生长期等关键时期养分需求。

（4）施用方式恰当：针对不同肥料品种特性、耕作制度和施肥时期，坚持农机农艺结合，选择基肥深施、追肥条施穴施、叶面喷施等施肥方法，减少撒施、表施等。

一、玉米科学施肥指导意见

1. 存在问题与施肥原则 玉米生产存在的主要施肥问题有：

（1）氮肥一次性施肥面积较大，在一些地区易造成前期烧种烧苗和后期脱肥。

（2）有机肥施用量较少，秸秆还田比例较低。

（3）种植密度较低，保苗株数不够，影响肥料应用效果。

（4）土壤耕层过浅，影响根系发育，易旱、易倒伏。

根据上述问题，提出以下施肥原则：

（1）氮肥分次施用，适当降低基肥用量，充分利用磷钾肥后效。

（2）土壤 pH 高、高产地块和缺锌的土壤注意施用锌肥。

（3）增加有机肥用量，加大秸秆还田力度。

（4）推广应用高产耐密品种，适当增加玉米种植密度，提高玉米产量，充分发挥肥料效果。

（5）深耕打破犁底层，促进根系发育，提高水肥利用效率。

2. 施肥建议 不同产量水平施肥方案：所有地块施有机肥 1 500 千克/亩以上或秸秆还田。

山区沟川河谷地：

（1）玉米产量为 400 千克/亩以下地块，氮肥（N）用量推荐为 3～5 千克/亩，磷肥（P_2O_5）为 2～4 千克/亩，土壤速效钾低为于 259 毫克/千克时，适当补施钾肥（K_2O）为 2～4 千克/亩。

（2）玉米产量为 400～500 千克/亩的地块，氮肥（N）用量推荐为 4～6 千克/亩，磷肥（P_2O_5）为 4～6 千克/亩，土壤速效钾为低于 237 毫克/千克时，适当补施钾肥（K_2O）3～5 千克/亩。

（3）玉米产量为 500～600 千克/亩的地块，氮肥（N）用量推荐为 7～9 千克/亩，磷肥（P_2O_5）为 5～7 千克/亩，钾肥（K_2O）为 4～6 千克/亩。

（4）玉米产量为 600 千克/亩的地块，氮肥（N）用量推荐为 8～10 千克/亩，磷肥（P_2O_5）为 6～8 千克/亩，钾肥（K_2O）为 6 千克/亩。

山区旱地：

（1）玉米产量为 300 千克/亩以下地块，氮肥（N）用量推荐为 2～3 千克/亩，磷肥（P_2O_5）用量为 1～2 千克/亩，土壤速效钾为低于 147 毫克/千克时，适当补施钾肥（K_2O）0.5～1.5 千克/亩。

（2）玉米产量为 300～400 千克/亩的地块，氮肥（N）用量推荐为 3～5 千克/亩，磷肥（P_2O_5）用量为 2～4 千克/亩，土壤速效钾为低于 196 毫克/千克时，适当补施钾肥（K_2O）为 1.5～3 千克/亩。

（3）玉米产量为 400～500 千克/亩以上的地块，氮肥（N）用量推荐为 4～6 千克/亩，磷肥（P_2O_5）用量为 3～5 千克/亩，钾肥（K_2O）为 3～5 千克/亩。

3. 施肥方法

（1）作物秸秆还田地块要增加氮肥用量 10%～15%，以协调碳氮比，促进秸秆腐解。

（2）大力提倡化肥深施，坚决杜绝肥料撒施。基、追肥施肥深度要分别达到 15～20 厘米、5～10 厘米。

（3）施足底肥，合理追肥。一般有机肥、磷、钾及中、微量元素肥料均做底肥，氮肥则分期施用。玉米田氮肥 60%～70%底施、30%～40%追施，在质地偏沙、保肥性能差的土壤，追肥的用量可占氮肥总用量的 50%左右。

二、马铃薯科学施肥指导意见

1. 存在问题与施肥原则　针对马铃薯生产中普遍存在的重施氮磷肥、轻施钾肥，重施化肥、轻施或不施有机肥的现状，提出以下施肥原则：

（1）增施有机肥。

（2）重施基肥，轻用种肥；基肥为主，追肥为辅。

（3）合理施用氮磷肥，适当增施钾肥。

（4）肥料施用应与高产优质栽培技术相结合。

2. 施肥建议

（1）马铃薯产量为 1 000 千克/亩以下的地块，氮肥（N）用量推荐为 4～5 千克/亩，磷肥（P_2O_5）用量为 3～5 千克/亩，钾肥（K_2O）为 1～2 千克/亩。亩施农家肥 2 000 千克以上。

（2）马铃薯产量为 1 000～1 500 千克/亩的地块，氮肥（N）用量推荐为 5～7 千克/亩，磷肥（P_2O_5）用量为 5～6 千克/亩，钾肥（K_2O）为 2～3 千克/亩。亩施农家肥 2 000 千克以上。

（3）马铃薯产量为 1 500～2 000 千克/亩的地块，氮肥（N）用量推荐为 7～8 千克/亩，磷肥（P_2O_5）用量为 6～7 千克/亩，钾肥（K_2O）为 3～4 千克/亩。亩施农家肥 1 500 千克以上。

（4）马铃薯产量为 2 000 千克/亩以上的地块，氮肥（N）用量推荐为 8～10 千克/亩，磷肥（P_2O_5）用量为 7～8 千克/亩，钾肥（K_2O）为 4～5 千克/亩。亩施农家肥 1 500 千克以上。

3. 施肥方法 有机肥、磷肥全部做基肥。氮肥总量的 $60\%\sim70\%$ 做基肥，$30\%\sim40\%$ 做追肥。钾肥总量的 $70\%\sim80\%$ 做基肥，$20\%\sim30\%$ 做追肥。磷肥最好和有机肥混合沤制后施用。基肥可以在秋季或春季结合耕地沟施或撒施后翻入土中。马铃薯追肥一般在开花以前进行，早熟品种在苗期追肥，中晚熟品种在现蕾前追肥。

三、谷子科学施肥指导意见

1. 存在问题与施肥原则 针对春播谷子生产中普遍存在的化肥用量不平衡，肥料增产效率下降，有机肥用量不足，微量元素硼缺乏时有发生等问题，提出以下施肥原则：

（1）依据土壤肥力高低，适当增减氮磷化肥用量。

（2）增施有机肥，提倡有机无机相结合。

（3）将大部分氮肥、全部磷肥和有机肥，结合秋季深耕进行底施。

（4）依据土壤钾素和硼素的丰缺状况，注意钾肥、硼肥的施用。

（5）氮肥的施用坚持"前重后轻"、"基肥为主，追肥为辅"的原则。

（6）肥料施用应与高产优质栽培技术相结合。

2. 施肥建议

（1）谷子产量为 200 千克/亩以下的地块，氮肥（N）用量推荐为 $6\sim9$ 千克/亩，磷肥（P_2O_5）为 $4\sim6$ 千克/亩。

（2）谷子产量为 $200\sim300$ 千克/亩的地块，氮肥（N）用量推荐为 $9\sim12$ 千克/亩，磷肥（P_2O_5）为 $5\sim7$ 千克/亩，钾肥（K_2O）为 $1\sim4$ 千克/亩。

（3）谷子产量为 300 千克/亩以上的地块，氮肥（N）用量推荐为 $12\sim15$ 千克/亩，磷肥（P_2O_5）为 $6\sim8$ 千克/亩，钾肥（K_2O）为 $4\sim6$ 千克/亩。

如果基肥施用了有机肥，可酌情减少化肥用量。

3. 施肥方法 有机肥、磷钾肥和硼砂做基肥一次性深施早施，氮肥施用根据地力水平进行，即：低产田氮肥全部做基肥施用；中产田氮肥 70% 做基肥施用，30% 在拔节后期做追肥施用；高产田氮肥 60% 做基肥施用，40% 在拔节后期做追肥施用。

四、大豆科学施肥建议（黄土丘陵沟壑区）

目标产量为亩产 100 千克以下，适用于缓坡地。氮肥（N）用量为 $5\sim6$ 千克/亩，磷肥（P_2O_5）为 $4\sim5$ 千克/亩，农家肥 700 千克/亩以上。

目标产量为亩产 $100\sim150$ 千克，适用于机修地。氮肥（N）用量为 $8\sim10$ 千克/亩，磷肥（P_2O_5）为 $6\sim8$ 千克/亩，钾肥（K_2O）为 $2\sim3$ 千克/亩。农家肥 1 000 千克/亩以上。

目标产量为亩产 150 千克以上，适用于旱坪地。氮肥（N）用量为 $10\sim12$ 千克/亩，磷肥（P_2O_5）为 $8\sim10$ 千克/亩，钾肥（K_2O）为 $3\sim4$ 千克/亩。农家肥 1 000 千克/亩以上。

五、果树科学施肥指导意见

（一）梨

1. 存在问题与施肥原则　存在问题主要是：

（1）有机肥施用量不足。全省果园有机肥施用量平均仅为 1 000 千克左右，优质有机肥的施用量则更少，无法满足果树生长的需要。

（2）化肥"三要素"施用配比不当，肥料增产效益下降。

（3）中、微量元素肥料施用量不足，用法不当。老果园土壤钙、铁、锌、硼等缺乏时有发生，相应施肥多在出现病症后补施。过量施磷使土壤中元素间拮抗现象增强，影响微量元素的有效性。

针对上述问题，提出以下施肥原则：

（1）增施有机肥，做到有机无机配合施用。

（2）依据土壤肥力和产量水平适当调整化肥三要素配比，注意配施钙、铁、硼、锌。

（3）掌握科学施肥方法，根据树势和树龄分期施用氮磷钾肥料，施用要开沟深施覆土。

2. 施肥建议　建议亩施农家肥为 2 000 千克以上，氮肥（N）用量推荐为 15～20 千克/亩，磷肥（P_2O_5）用量为 6～10 千克/亩，钾肥（K_2O）用量为 15～20 千克/亩，另外，适当补施钙、铁、硼、锌微量元素。

3. 施肥方法

（1）采用基肥、追肥、叶喷、涂干等相结合的立体施肥方法。基肥以有机肥和适量化肥为主，多在果实采收前后的 9 月中旬至 10 月中旬施入；追肥主要在花前、花后和果实膨大期进行，前期以氮为主，中期以磷、钾肥为主；叶喷、涂干于 6～8 月进行。施肥时应注意将肥料施在根系密集层，最好与灌水相结合。旱地果树施用化肥不能过于集中，以免引起根害。

（2）对于旺树，秋季基肥中施用 50％的氮肥，其余在花芽分化期和果实膨大期施用；对于弱树，秋季基肥中施用 30％的氮肥，50％的氮肥在 3 月份开花时施用，其余在 6 月中旬施用。70％的磷肥秋季基施，其余磷肥可在春季施用；40％的钾肥做秋季基肥，20％在开花期，40％在果实膨大期分次施用。

（3）土壤缺锌、硼和钙而未秋季施肥的果园，每亩施用硫酸锌 1～1.5 千克、硼砂 0.5～1.0 千克、硝酸钙 30～50 千克，与有机肥混匀后秋季或早春配合基肥施用；或在套袋前叶面喷施 2～3 次。

（二）桃

1. 存在问题与施肥原则　针对桃园用肥量差异较大，肥料用量、氮磷钾配比、施肥时期和方法不合理，忽视施肥和灌溉协调等问题，提出以下施肥原则：

（1）增加有机肥施用量，做到有机无机配合施用。

（2）依据土壤肥力状况、品种特性及产量水平，合理调控氮磷钾肥比例，针对性配施硼和锌肥。

（3）追肥的施用时期区别对待，早熟品种早施，晚熟品种晚施。

（4）弱树应以新梢旺长前和秋季施肥为主；旺长树应以春梢和秋梢停长期追肥为主；结果太多的大年树应加强花芽分化期和秋季的追肥。

2. 施肥建议

（1）产量水平为 1 500 千克/亩以下：有机肥 2 立方米/亩，氮肥（N）用量为 10～12 千克/亩，磷肥（P_2O_5）为 5～8 千克/亩，钾肥（K_2O）为 12～15 千克/亩。

（2）产量水平为 1 500～3 000 千克/亩：有机肥 2 立方米/亩，氮肥（N）用量为 12～16 千克/亩，磷肥（P_2O_5）为 7～9 千克/亩，钾肥（K_2O）为 17～20 千克/亩。

（3）产量水平为 3 000 千克/亩以上：有机肥 2～3 立方米/亩，氮肥（N）用量为 15～18 千克/亩，磷肥（P_2O_5）为 8～10 千克/亩，钾肥（K_2O）为 18～22 千克/亩。

3. 施肥方法

（1）全部有机肥、30%～40%的氮肥、100%的磷肥及 50%的钾肥做基肥于桃果采摘后的秋季采用开沟方法施用；其余 60%～70%氮肥和 50%的钾肥分别在春季桃树萌芽期、硬核期和果实膨大期分次追肥（早熟品种 1～2 次、晚熟品种 2～3 次）。

（2）对前一年落叶早或负载量高的果园，应加强根外追肥，萌芽前可喷施 2～3 次 1%～3%的尿素，萌芽后至 7 月中旬之前，定期按 2 次尿素与 1 次磷酸二氢钾的方式喷施，浓度为 0.3%～0.5%。

（3）如前一年施用有机肥数量较多，则当年秋季基施的氮、钾肥可酌情减少 1～2 千克/亩，当年果实膨大期的化肥氮、钾追施数量可酌减 2～3 千克/亩。

（三）葡萄

1. 存在问题与施肥原则　针对山西省目前大多数葡萄产区施肥中存在的重氮、磷肥，轻钾肥和微量元素肥料，有机肥料重视不够等问题，提出以下施肥原则：

（1）依据土壤肥力条件和产量水平，适当增加钾肥的用量。

（2）增施有机肥，提倡有机无机相结合。

（3）注意硼、铁和钙的配合施用。

（4）幼树施肥应根据幼树的生长需要，遵循"薄肥勤施"的原则进行施肥。

（5）进行根外追肥。

（6）肥料施用与高产优质栽培相结合。

2. 施肥建议

（1）亩产为 500～1 000 千克的低产果园，亩施腐熟的有机肥 1 000～2 000 千克，氮肥（N）用量为 9～10 千克/亩，磷肥（P_2O_5）为 7～9 千克/亩，钾肥（K_2O）为 11～13 千克/亩。

（2）亩产为 1 000～2 000 千克的中产果园，亩施腐熟的有机肥 2 000～2 500 千克，氮肥（N）用量为 11～13 千克/亩，磷肥（P_2O_5）为 9～11 千克/亩，钾肥（K_2O）为 13～15 千克/亩。

（3）亩产为 2 000 千克以上的高产果园，亩施腐熟的有机肥 2 500～3 500 千克，氮肥（N）用量为 12～15 千克/亩，磷肥（P_2O_5）为 11～13 千克/亩，钾肥（K_2O）为 15～18 千克/亩。

3. 施肥方法 基肥通常用腐熟的有机肥在葡萄采收后立即施入，并加入一些速效性的化肥，如尿素和过磷酸钙、硫酸钾等。基肥用量占全年总施肥量的 50％～60％，施用方法采用开沟施。在葡萄生长季节，一般丰产果园每年追肥 2～3 次，第一次在早春芽开始膨大期，施入腐熟的人粪尿混掺尿素，分配比例为 10％～15％；第二次在谢花后幼果膨大初期，以氮肥为主，结合施磷钾肥，分配比例为 20％～30％；第三次在果实着色初期，以磷钾肥为主，分配比例为 10％。追肥可以结合灌水或雨天直接施入植株根部土壤中，也可进行根外追肥。

(四) 红枣

1. 存在问题

（1）土壤有机质含量偏低：从土壤养分测定结果来看，红枣产区有机质含量与红枣标准化生产技术规程相比属偏低水平，生产中存在的主要问题是有机肥施用量少，甚至不施。

（2）微量元素肥料施用量不足：微量元素对改善农产品品质有着不可替代的作用，从红枣主区土壤养分测定结果来看，土壤微量元素含量属下等水平，生产中存在的主要问题是多数枣农思想上不重视，微肥施用量低，甚至不施。

（3）化肥施用方法不当：许多枣农在追肥时只图省事，不考虑肥效，化肥撒施现象相当普遍，使肥料利用率很低，白白浪费了肥料，严重时还会对红枣造成危害。

（4）化肥选用品种质量不合格、用量不合理：据调查红枣区农民购买和使用廉价的复混肥比较普遍，而部分复混肥中有毒有害成分的含量超出无公害农产品要求的标准，长时间使用不仅会降低红枣的质量，而且会对土壤造成污染；在化肥的用量上，偏施氮肥，且用量大，磷钾用量不合理，养分不均衡，降低了养分的有效性。

2. 施肥建议

（1）采用适当的施肥方法，增施有机肥，大力推广使用配方肥：有机肥料是养分最齐全的天然肥料。增施有机肥，可增加土壤团粒结构，改善土壤的通气透水性及保水、保肥、供肥性能，增强土壤微生物活动，为红枣的生长提供良好的土壤环境。施肥时要求深翻入土，使肥土混合均匀，且有机肥应充分腐熟高温发酵或使用经沼气池厌氧发酵的沼肥，以达到红枣标准化、无害化生产的需求。

无机化肥是红枣吸收养分的主要速效肥源，在无机肥料与有机肥料配合施用的前提下，根据土壤养分状况合理使用配方肥料，满足红枣对多种养分的平衡需求，同时保证土壤肥力的不断提高。

基肥在秋季采收枣果后施入。秋季未施入基肥，翌春土壤解冻后要尽早施入。基肥以沼肥、充分腐熟高温发酵的有机为主。

幼树应进行环状沟施，沟深、宽各 30 厘米，成龄树进行全园撒施，深 20～30 厘米。1～4 年生幼树，每公顷年施基肥 15 吨，追施氮肥 300 千克；初果期树每公顷年施基肥 75 吨，追施复合肥 750 千克；盛果期每公顷年施基肥 22.50 吨，追施复合肥 1 500 千克；盛果后期应参照盛果期施肥量，根据树势状况，适当增减。

施肥方法要适当，红枣地不能把化肥撒施在表土，要深施并及时覆土。

（2）科学施用微肥：由于微量元素肥料对改善农产品品质有着不可替代的作用，因此，在红枣生产中要适时追施适量微肥，以达到高产、优质的目的，尤其是在老枣区更应注重微肥的施用。

枣树花期，每隔 15 天，喷 0.30% 尿素混合 0.30% 的硼砂和 891 有机钛剂、稀土益植素，连续喷 2~3 次。

生理落果期防止落果，可喷洒萘乙酸等以利保果。

从盛花期开始至枣果白熟期，在雨水较多的情况下，喷 2~3 次钙肥，增强果皮硬度，防裂果。

（3）选择使用合格农药：在枣树病虫害防治中，要选择符合无公害农产品生产要求的合格农药，并采用科学的方法使用，保证不因农药污染而影响产品质量。

萌芽展叶期重点防治枣瘦蚊、绿盲椿象、枣步曲、食芽蟓甲、大灰蟓甲和金龟子的为害。使用药剂为阿维菌素，再掺入适量的渗透剂。

桃小食心虫和红蜘蛛防治，6 月上、中旬，在幼虫出土高峰期采用地面防治。先在树干下 150 厘米范围内耙平地面，并用辛硫磷粉剂（7.50 千克/公顷）喷洒地面，然后耙匀即可。在 6 月下旬至 7 月上旬的成虫高峰期，进行树上喷药防治，用 2.50% 的功夫乳油 3 000 倍液喷洒叶背面，以杀卵。

6 月中、下旬，喷螨死净和灭扫利，兼治龟蜡蚧。

枣疯病、枣黑斑病防治，一是引导农民勤观察、早动手，随时发现病枝，立即去除；二是在 4 月上、中旬发芽展叶期，采用"祛疯 1 号"在病树主干上打孔输液，输完液后再采取树上剪疯枝、树下刨疯根的办法，可治愈枣疯病。

防治黑腐病防治，提倡枣树生长前期树上喷杀菌剂，发芽前喷波美 3°~5° 石硫合剂。在枣树嫩芽生出 1 厘米时，再喷 1 次果丰乳油，可兼治黑腐病。

枣缩果病防治，从 8 月中旬开始，用 50%DT 杀菌剂或农用链霉素喷 2 次，间隔 15 天。

六、蔬菜科学施肥指导意见

（一）露地甘蓝

1. 施肥问题及施肥原则　当前露地甘蓝施肥存在的主要问题：

（1）不同田块有机肥施用量差异较大，盲目偏施氮肥现象严重，钾肥施用量不足，施用时期和方式不合理。

（2）施肥存在"重大量元素，轻中量元素和重无机肥轻有机肥"现象，影响产品品质。

（3）过量灌溉造成水肥浪费的问题普遍，氮肥利用率较低。针对上述问题，提出以下施肥原则：

合理施用有机肥，有机肥与化肥配合施用；氮磷钾肥的施用应遵循控氮、稳磷、增钾的原则。

肥料分配上以基、追结合为主；追肥以氮肥为主，合理配施钾素；注意在莲座期至结球后期适当喷施钙、硼等中、微量元素，防止"干烧心"等病害的发生。

施肥与其他高产栽培技术，特别是节水灌溉技术结合，以充分发挥水肥耦合效应，提高肥料利用率。

2. 施肥建议 基肥 1 次施用优质农家肥 2 米³/亩。

产量水平为大于 6 500 千克/亩：氮肥（N）用量为 18～20 千克/亩，磷肥（P₂O₅）为 8～10 千克/亩，钾肥（K₂O）为 14～16 千克/亩；产量水平为 5 500～6 500 千克/亩，氮肥（N）用量为 13～15 千克/亩，磷肥（P₂O₅）为 6～8 千克/亩，钾肥为（K₂O）12～14 千克/亩；产量水平为 4 500～5 500 千克/亩，氮肥（N）用量为 13～15 千克/亩，磷肥（P₂O₅）为 4～6 千克/亩，钾肥（K₂O）为 8～10 千克/亩。氮钾肥 30%～40% 基施，60%～70% 在莲座期和结秋期分 2 次追施，磷肥全部作基肥条施或穴施。

对往年"干烧心"发生较严重的地块，注意控氮补钙，可于莲座期至结球后期叶面喷施 0.3%～0.5% 的氯化钙溶液 2～3 次；对于缺硼的地块，可基施硼砂 0.5～1 千克/亩，或叶面喷施 0.2%～0.3% 的硼砂溶液 2～3 次。同时可结合喷药喷施 2～3 次 0.5% 的磷酸二氢钾，以提高甘蓝的净菜率和商品率。

（二）设施番茄、黄瓜

1. 番茄 施肥问题与施肥原则：

施肥存在的主要问题是：

（1）过量施肥现象普遍，氮、磷、钾化肥用量偏高，土壤氮磷钾养分积累明显。

（2）养分投入比例不合理，非石灰性土壤钙、镁、硼等元素供应存在障碍。

（3）过量灌溉导致养分损失严重。

（4）连作障碍等导致土壤质量退化严重，养分吸收效率下降，蔬菜品质下降。针对这些问题，提出以下施肥原则：

合理施用有机肥，调整氮磷钾化肥数量，非石灰性土壤及酸性土壤需补充钙、镁、硼等中、微量元素。

根据作物产量、茬口及土壤肥力条件合理分配化肥，大部分磷肥基施、氮钾肥追施；早春生长前期不宜频繁追肥，重视花后和中后期追肥。

与高产栽培技术结合，提倡苗期灌根，采用"少量多次"的原则，合理灌溉施肥。

土壤退化的老棚需进行秸秆还田或施用高 C/N 比的有机肥，少施禽粪肥，增加轮作次数，达到除盐和减轻连作障碍目的。

施肥建议：

育苗肥增施腐熟有机肥，补钙磷肥，每 100 米² 苗床施经过腐熟的禽粪 60～100 千克，钙镁磷肥 0.5～1 千克，硫酸钾 0.5 千克，根据苗情喷施 0.05%～0.1% 尿素溶液 1～2 次。

基肥施用充分腐熟优质有机肥 8～10 米³/亩。产量水平为 8 000～10 000 千克/亩：氮肥（N）用量为 30～40 千克/亩，磷肥（P₂O₅）为 15～20 千克/亩，钾肥（K₂O）为 40～50 千克/亩；产量水平为 6 000～8 000 千克/亩，氮肥（N）用量为 20～30 千克/亩，磷肥（P₂O₅）为 10～15 千克/亩，钾肥（K₂O）为 30～35 千克/亩；产量水平为 4 000～6 000 千克/亩，氮肥（N）用量为 15～20 千克/亩，磷肥（P₂O₅）为 8～10 千克/亩，钾肥（K₂O）为 20～25 千克/亩。

70%以上的磷肥作基肥条（穴）施，其余随复合肥追施，20%～30%氮钾肥基施，70%～80%在花后至果穗膨大期间分3～10次随水追施，每次追施氮肥（N）不超过5千克/亩。

菜田土壤pH＜6时容易出现钙、镁、硼缺乏，可基施硝酸钙肥40～50千克/亩和硫酸镁4～6千克/亩，根外补施2～3次0.1%硼肥。

2. 黄瓜　施肥问题与施肥原则：

设施黄瓜的种植季节分为冬春茬、秋冬茬和越冬长茬，其施肥存在的主要问题是：

（1）盲目过量施肥现象普遍，施肥比例不合理，过量灌溉导致养分损失严重。

（2）连作障碍等导致土壤质量退化严重，根系发育不良，养分吸收效率下降，蔬菜品质下降。

（3）菜田施用的有机肥多以畜禽粪类为主，不利于土壤生物活性的提高。针对上述问题，提出以下施肥原则：

增施有机肥，提倡施用优质有机堆肥，老菜棚注意多施含秸秆多的堆肥，少施禽粪肥，实行有机—无机配合和秸秆还田。

依据土壤肥力条件和有机肥的施用量，综合考虑环境养分供应，适当调整氮磷钾化肥用量。

采用合理的灌溉技术，遵循少量多次的灌溉施肥原则，实行推荐施肥应与合理灌溉紧密结合，采用膜下沟灌、滴灌等方式，沟灌每次每亩灌溉不超过30米^3，沙土不超过20米^3，滴灌条件下的灌溉施肥次数可适当增加，而每次的灌溉量需相应减少。

定植后苗期不宜频繁追肥，可结合灌根技术施用0.5～1.0千克/亩的磷肥（P$_2$O$_5$）；氮肥和钾肥分期施用，少量多次，避免追施磷含量高的复合肥，重视中后期追肥，每次追施量不超过5～6千克/亩。

施肥建议：

育苗肥增施腐熟有机肥，补施磷肥，每10米^{2}苗床施用腐熟有机肥60～100千克，钙镁磷肥0.5～1千克，硫酸钾0.5千克，根据苗情喷施0.05%～0.1%尿素溶液1～2次。

基肥施用优质充分腐熟有机肥8～10米^3/亩。产量水平为14 000～16 000千克/亩：氮肥（N）用量为45～50千克/亩，磷肥（P$_2$O$_5$）为20～25千克/亩，钾肥（K$_2$O）为40～45千克/亩；产量水平为11 000～14 000千克/亩；氮肥（N）用量为37～45千克/亩，磷肥（P$_2$O$_5$）为17～20千克/亩，钾肥（K$_2$O）为35～40千克/亩；产量水平为71 000～11 000千克/亩，氮肥（N）用量为30～37千克/亩，磷肥（P$_2$O$_5$）为12～16千克/亩，钾肥（K$_2$O）为30～35千克/亩；产量水平为4 000～7 000千克/亩，氮肥（N）用量为20～28千克/亩，磷肥（P$_2$O$_5$）为8～11千克/亩，钾肥（K$_2$O）为25～30千克/亩。

设施黄瓜全部有机肥和磷肥作基肥施用，初花期以控为主，全部的氮肥和钾肥按生育期养分需求定期分6～11次追施，每次追施氮肥数量不超过5千克氮/亩；秋冬茬和冬春茬的氮、钾肥分6～7次追肥（N），越冬长茬的氮、钾肥分10～11次追肥。如果是滴灌施肥可减少20%的化肥，如果大水漫灌，每次施肥则需要增加10%～20%的肥料数量。

第七章 耕地质量状况与核桃标准化生产的对策研究

核桃，原产于地中海东部沿岸地区，又称胡桃、羌桃，与扁桃、腰果、榛子并称为世界著名的"四大干果"。既可以生食、炒食，也可以榨油、配制糕点、糖果等，不仅味美，而且营养高，被誉为"万岁子"、"长寿果"。

核桃仁含有丰富的营养素，每百克含蛋白质 15～20 克，脂肪 60～70 克，碳水化合物 10 克；并含有人体必需的钙、磷、铁等多种微量元素和矿物质，以及胡萝卜素、核黄素等多种维生素。核桃中所含脂肪的主要成分是亚油酸甘油酯，食后不但不会使胆固醇升高，还能减少肠道对胆固醇的吸收。因此，可作为高血压、动脉硬化患者的滋补品。此外，这些油脂还可供给大脑基质的需要。核桃中所含的微量元素锌和锰是脑垂体的重要成分，常食有益于脑的营养补充，有健脑益智作用。

中阳县现有核桃面积 20 万亩，已实现核桃全覆盖，成为"农民增收的第二座绿色宝库"。从增加农民收入的目标出发，按照绿色食品生产标准，规范生产环节和操作程序，是真正使核桃林成为"农民增收的第二座绿色宝库"的前提和基础。

一、核桃分布区耕地地力现状

核桃分布宁乡镇、枝柯镇、金罗镇、张子山乡、下枣林乡、武家庄镇、暖泉镇 7 个乡（镇），7 个乡（镇）的土壤养分现状为：

有机质含量为 3.40～13.97 克/千克，平均为 7.19 克/千克，属省五级水平；全氮含量为 0.25～0.82 克/千克，平均为 0.49 克/千克，属省五级水平；有效磷含量为 1.04～38.63 毫克/千克，平均为 4.93 毫克/千克，属省五级水平；缓效钾含量为 528.51～1 000.65 毫克/千克，平均为 815.18 毫克/千克，属省五级水平；速效钾含量为 57.53～227.14 毫克/千克，平均为 98.03 毫克/千克，属省五级水平；有效铜含量为 0.25～1.84 毫克/千克，平均为 0.66 毫克/千克，属省五级水平；有效锰含量为 2.47～9.27 毫克/千克，平均为 5.90 毫克/千克，属省五级水平；有效锌含量为 0.17～4.00 毫克/千克，平均为 0.64 毫克/千克，属省五级水平；有效铁含量为 1.39～7.34 毫克/千克，平均为 2.99 毫克/千克，属省五级水平；有效硼含量为 0.08～0.84 毫克/千克，平均为 0.28 毫克/千克，属省五级水平；有效钼含量为 0.05～0.13 毫克/千克，平均为 0.09 毫克/千克，属省五级水平；有效硫含量为 10.77～71.68 毫克/千克，平均为 27.54 毫克/千克，属省五级水平；容重为 1.20～1.32 克/厘米^3，平均为 1.24 克/厘米^3；pH 为 7.81～8.28，平均为 8.10。

二、绿色食品—核桃生产的基本要求

绿色食品，系指遵守可持续发展原则，按照特定生产方式生产，经专门机构认定，许可使用绿色食品标志的，无污染的安全、优质、营养类食品。

绿色食品主要包括以下 4 个方面：绿色食品产地环境标准、绿色食品生产技术标准、绿色食品产品标准、绿色食品标志使用、包装及储运标准。所要申报的企业，其产地环境、生产过程、产品质量和包装和运输等条件必须符合相应的绿色食品标准要求，并经过相应的机构检测，才能获得绿色食品标志使用权。这种完整的标准体系和认证过程真正体现了"全程质量控制"的理念。目前农业部颁布的绿色食品标准共计 90 项，其中通则类标准有 10 项，产品标准有 80 项。

(一) 绿色食品产地环境标准 (NY/T 391—2000)

1. 空气环境质量要求　绿色核桃生产地空气中各项污染物浓度限值：总悬浮颗粒物 (TSP) 日平均 0.30 毫克/米^3，二氧化硫 (SO_2) 日平均 0.15 毫克/米^3，氮氧化物 (NO_x) 日平均 0.10 毫克/米^3，氟化物日平均 7 微克/米^3。

2. 农田灌溉水质量要求　绿色核桃生产农田灌溉水中各项污染物的浓度限值：pH 为 5.5～8.5，总汞 0.001 毫克/升，总镉 0.005 毫克/升，总砷 0.05 毫克/升，总铅 0.1 毫克/升，六价铬 0.1 毫克/升，氟化物 2.0 毫克/升，粪大肠菌群 10 000 个/升。

3. 土壤环境质量要求（旱田）（pH>7.5）　绿色核桃生产农田土壤中各项污染物的浓度限值：镉 0.40 毫克/千克，汞 0.35 毫克/千克，砷 20 毫克/千克，铅 50 毫克/千克，铬 120 毫克/千克，铜 60 毫克/千克。

4. 土壤肥力要求（A 级）（二级）（参考标准）　绿色核桃生产农田土壤肥力应达到的标准：有机质 10 克/千克以上，全氮 0.8 克/千克以上，有效磷 5 毫克/千克以上，有效钾 80 克/千克以上，阳离子交换量 15 厘摩尔/千克以上，质地壤土。

(二) 绿色食生产技术标准

绿色食品生产技术标准。包括两部分：一部分是对生产过程中的投入品如农药、肥料等生产资料使用方面的规定；另一部分是针对具体种养殖对象的生产技术规程。

1. 绿色食品肥料使用准则　按照《绿色食品肥料使用准则》（NY/T 394—2000），肥料使用必须满足作物对营养元素的需要，使足够数量的有机物质返回土壤，以保持或增加土壤肥力及土壤生物活性。所有有机或无机（矿质）肥料，尤其是富含氮的肥料应对环境和作物（营养、味道、品质和植物抗性）不产生不良后果方可使用。

（1）使用肥料，应在推荐用于 A 组绿色食品生产的生产资料范围内。

（2）使用的有机肥料必须经充分发酵，符合高温堆肥或沼气肥卫生标准。即：高温堆肥卫生标准，堆肥温度最高堆温达 50～55℃，持续 5～7 天，蛔虫卵死亡率 95%～100%，粪大肠菌值 10 - 1 - 10 - 2，肥堆周围没有活的蛆、蛹或新羽化的成蝇；沼气肥卫生标准，密封贮存期 30 天以上，高温沼气发酵温度 53±2℃持续 2 天，寄生虫卵沉降率 95%以上，血吸虫卵和钩虫卵在使用粪液中不得检出活的血吸虫卵和钩虫卵，粪大肠菌值普通沼气发酵 10 - 4，高温沼气发酵 10 - 1 - 10 - 2，池的周围无活的蛆蛹或新羽化的成蝇，沼气池残渣经无害化处理后方可用作农肥。

（3）化肥必须与有机肥配合施用，有机氮与无机氮之比不超过1∶1。

（4）选用无机（矿质）肥料中的煅烧磷酸盐、硫酸钾，质量应分别符合附录B中B1和B2的技术要求。即：磷肥中有效 $P_2O_5 \geqslant 12\%$，每含 $1\% P_2O_5$，（碱性柠檬酸铵提取）$As \leqslant 0.004\%$、$Cd \leqslant 0.01\%$、$Pb \leqslant 0.002\%$；硫酸钾中有效 K_2O 50％每含 $1\% K_2O$（碱性柠檬酸铵提取）$As \leqslant 0.004\%$、$Cl \leqslant 3\%$、$H_2SO_4 \leqslant 0.5\%$。

（5）城市生活垃圾一定要经过无害化处理，质量达到 GB 8172 中 1.1 的技术要求才能使用。每年每亩农田限制用量，黏性土壤不超过 3 000 千克，沙性土壤不超过 2 000 千克。

（6）禁止使用硝态氮肥。

2. 绿色食品农药使用准则 按照《绿色食品农药使用准则》（NY/T 393—2000）要求，绿色食品生产应从作物—病虫草等整个生态系统出发，综合运用各种防治措施，创造不利于病虫草害孳生和有利于各类天敌繁衍的环境条件，保持农业生态系统的平衡和生物多样化，减少各类病虫草害所造成的损失。

优先采用农业措施，通过选用抗病虫品种，非化学药剂种子处理，培育壮苗，加强栽培管理，中耕除草，秋季深翻晒土，清洁田园，轮作倒茬、间作套种等一系列措施起到防治病虫草害的作用。还应尽量利用灯光、色彩诱杀害虫，机械捕捉害虫，机械和人工除草等措施，防治病虫草害。特殊情况下，必须使用农药时，应遵守以下准则：

（1）允许使用 AA 级和 A 绿色食品生产农药类产品。

（2）在 AA 级和 A 级绿色食品生产资料农药类产品不能满足植保工作需要的情况下，允许使用以下农药及方法：

中等毒性以下植物源农药、动物源农药和微生物源农药。

在矿物源农药中允许使用硫制剂、铜制剂。

有限度地使用部分有机合成农药，应按 GB 4285、GB 8321.1、GB 8321.2、GB 8321.3、GB 8321.4、GB 8321.6 的要求执行。

此外，还需严格执行以下规定：

①应选用上述标准中列出的低毒农药和中等毒性农药。

②严禁使用剧毒、高毒、高残留或具有三致毒性（致癌、致畸、致突变）的农药。

③每种有机合成农药（含 A 级绿色食品生产资料农药类的有机合成产品）在一种作物的生长期内只允许使用 1 次。

（3）严格按照 GB 4285、GB 8321.1、GB 8321.2、GB 8321.3、GB 8321.4、GB 8321.3、GB 8321.4、GB 8321.5、GB 8321.6 的最高残留限量（MRL）要求。

（4）有机合成农药在农产品中的最终残留应符合 GB 4285、GB 8321.1、GB 8321.2、GB 8321.3、GB 8321.4、GB 8321.5、GB 8321.6 的最高残留限量（MRL）要求。

（5）严禁使用高毒高残留农药防治贮藏期病虫害。

（6）严禁使用基因工程品种（产品）及制剂。

（三）绿色食品产品标准（要点）

绿色核桃产品要符合 NY/T 1042—2006 绿色食品　坚果标准。

（四）绿色食品标志使用、包装及贮运标准

为确保绿色食品产后在包装运输中不受污染，要求符合 NY/T 1042—2006 绿色食品坚果标准。

三、核桃分布区存在的主要问题

（一）土壤肥力水平低

从土壤养分测定结果来看，核桃分布区有机质含量与核桃标准化生产技术规程相比属偏低水平，其他营养元素含量也偏低。

（二）肥料使用不科学

在核桃栽植中，部分地方使用的有机肥未经腐熟，给土壤带来新的污染；无机肥使用没有与土壤养分现状分析结果相结合，没有补充施用必需的营养成分。

四、核桃实施标准化生产的对策

（一）建园与栽植

1. 建园 按照绿色食品产地环境标准（NY/T 391—2000）要求，选择自然气候和立地条件适宜的区域栽植。种植的核桃品种要与所在地的地理环境、气候类型和土壤条件等相一致，应避免盲目引种，造成不必要的经济损失。

核桃对环境条件要求不严，只要年平均气温 9～16℃以上，年降水量 450 毫米以上均可种植。核桃对土壤的适应性比较广泛，但因其为深根性果树，且抗性较弱，应选择深厚肥沃，保水力强的壤土较为适宜。核桃为喜光果树，要求光照充足，在山地建园时应选择南向坡为佳。

2. 栽植 为了提早结果和提高单位面积产量，应推行矮化密植栽培，并选用嫁接苗。核桃为雌雄同株异花果树，且同一植株上雌花与雄花一般不同时盛开，故要求不同植株间进行授粉，因而，只有成片栽植的核桃园才能获得丰产。核桃以秋季（9～11 月）或萌芽前定植最为适宜，在栽植前可先挖大穴（长、宽、深各 80 厘米）分层压入有机肥、磷肥、泥土，然后定植于穴上，浇足定根水，并用杂草覆盖树盘以利成活。

（1）栽植时期：根据中阳县气候、土地条件，应以秋栽为宜，即在寒露至土壤封冻前栽植。最好时期是 11 月上、中旬，此时树体停止生长，树体营养藏多而消耗少，蒸发量少，栽后水分易保持、成活率高。栽植水迟，根系未恢复土壤已开始结冻，苗木得不到足够的水分，过冬后极易失水抽干死亡。

（2）苗木调运、贮存：苗木调运要求截杆（高度 50 厘米，剪口涂漆）、根部打泥浆、套塑料袋以捆打包，装车包帆布运输苗木运到栽植点后必须开沟保湿假植（一层苗一层湿土，使苗木根系与土壤充分接触），然后按栽植数量随时取苗。

（3）栽植：在已回填好的坑、挖 30～40 厘米的穴，将苗木根系放在穴内，扶植树身，用熟湿土填在根系四周，边填土边踏实并轻微摇提树身，使根系舒展、根土密接，做到"三埋两踩一提苗"。各株之间用目测对直株行距。填土应高于土痕 5 厘米（栽植过深发苗不旺；过浅易缺水影响成活，苗木东倒西歪甚至被风吹倒）。最后踩实四周，整好树盘。

（4）施肥：春季施肥：春季整坑回填时，将0.5千克复合肥撒在回填的熟土堆上均匀混合，然后边回填边踏实，以备秋季栽植。秋季施肥：挖好栽植穴，将0.5千克磷肥撒入穴底与土均匀混合后踏实，用挖出的土回填栽植。

（5）越冬防寒：为提高幼树成活率，防止春季抽梢，秋栽幼树应进行越冬防寒保护。坡耕地栽植采用埋土防寒的办法，其方法是在幼树基部培土成堆，然后轻轻将幼树沿土堆按地上部朝北的方向压倒，用湿润细碎的土将树苗全部埋严，覆土厚度20厘米。

平地和机修梯田地栽植采用装土套袋的办法，其方法是用两边开口的编织袋套住苗木，始终保持苗木在袋的中央，袋内敞开，顶部湿土高于苗木顶梢10~15厘米。

（二）整形修剪

为使核桃提早结果、丰产、稳产，合理整形修剪是一项很重要的栽培技术。

1. 修剪时期 核桃的修剪时期与一般的果树不同，休眠期间，核桃有伤流现象，故不宜进行修剪。因此，修剪时期以秋季最适宜，有利于伤口在当年内早愈合。

幼树因未结果，可提早修剪，在8月下旬"处暑"气节即可开始，春季修剪一般在"立夏"前后进行，过晚则因枝叶过大，消耗养分过多，不利树木生长。

成年树在采果后的10月前后，果实采收后，叶未变黄前进行，在华北地区以"白露"至"寒露"间修剪最好。这时候修剪，气温虽低，伤口愈合慢，但养分损失少。

2. 幼树的整形修剪 主要是培养好树体骨架，打好基础，迅速扩大树冠，促使提早结果，早期丰产。核桃的树形一般为疏层分散和自然开心两种。

（1）疏层分散形：核桃树干性强，芽的顶端优势特别明显，顶芽发育比侧芽充实肥大，树冠层性明显，结合此特性，以采用主干疏层形为宜，且整形极易。其整形方法为：干高50~80厘米（若当年幼苗不够高度，可待苗木生长一年后再整形），定植当年不作任何修剪，只将主干扶直，并保护好顶芽（若顶芽损坏，可选壮芽代替），待春季发芽后，顶芽将向上直立生长，将其作为中心干，顶芽下部的5~6个芽将萌发侧枝（其余芽不能萌发），5~6月选分布均匀生长旺盛的3~4个侧枝为第一层主枝，将其余新梢全部抹去。第二年按同样的方法培育第二层主枝，第二层保留2~3个主枝（与第一层相距60~80厘米），第三年选第三层主枝，保留1~2个主枝，与第二层相距50~70厘米。1~4年主枝不用修剪，可自然分生侧枝，扩大树冠。一般3~4年成形，成形时树高3~5米。要注意保持中心领导枝的生长优势。在一般情况下，不能轻易换头，这是不同于其他果树修剪的重要特点。

（2）自然开心形：中心领导干不明显，2~3个主枝，为2叉或3叉结构，为使核桃幼树加速扩大树冠，增加枝条数量，达到结果和早期丰产，可采用夏剪和秋剪的方法，促进较多的侧芽抽生新枝。夏剪在短枝生长即将结束时，将50厘米以上的发育枝剪去顶部2~3个芽，以促进侧芽的发芽和枝条充实，增加来年的发枝数量，秋剪是在落叶前进行，修剪外延长的发育枝顶部不充实部分或枝长的1/3~1/4，剪口在中上部充实饱满的外芽上，使期逐年扩大树冠和抽生较多的发育枝。对于过密的1年生细弱枝条可适当剪去。

3. 结果树修剪 核桃进入结果盛期，树冠仍在继续扩大，结果部位不断增加，容易出现生长与结果之间的矛盾，保证核桃达到高产稳产是这一时期修剪的主要任务。因此，在修剪上应经常注意利用好辅养枝和徒长枝，培养良好的枝组，及时处理背后枝与下垂枝。

从结果初期开始，就应有计划地培养强健的结果枝组，不断增加结果部位，扩大结果面积。防止树冠内膛空虚和结果部位外移。进入盛果期后，更应加强枝组的培养和复壮。培养枝组可采用"先放后缩"和"去背后枝，留斜生枝与背上枝"的修剪方法。徒长枝在结果初期一般不留，以免扰乱树形，在盛果期可转变为枝组利用，背上枝要及时控制，以免影响骨干枝和结果母枝。下垂枝多不充实，结果能力差，徒耗养分，应根据具体情况处理。核桃结果母枝的顶芽是混合花芽，一般不可短截，只剪去密生的细弱枝、枯枝、病虫枝、重叠枝，使通风透光，促生充实健壮的结果母枝和发育枝。

（1）结果母枝的修剪：树冠外围 1 年生长的健壮枝常是明年的结果母枝，一般不短剪，但结果母枝过多时，会造成树冠郁闭，影响通风透光，需适当疏去部分细弱的结果母枝，以稳定产量、促进树体正常发育。

（2）延长枝的修剪：对 15～30 年生的盛果期树，树冠外围各组主枝顶部抽生的 1 年生延长枝，可在顶芽下 2～3 芽处进行短截，如顶部枝条不充实，可在饱满芽处剪截，以扩大树冠和增加结果部位。

（3）徒长枝的修剪：徒长枝大多由内膛骨干枝上的隐芽萌发形成，在生长旺盛的成年树和衰老树上发生较多，过去多从基部剪去，称为"清膛"。近年来开始利用徒长枝结果。据河北、山东等省的经验，内膛空虚部分的徒长枝，可依着生位置和长势强弱，在 1/2～1/3 有饱满芽处短截，剪后 2～3 年即可形成结果枝，增补空隙，扩大结果范围，达到立体结果的目的。

（4）下垂枝的修剪：在分叉处回缩，同时剪除干枯病虫枝，过密的下垂枝要逐年砍除。

（三）土肥水管理

1. 土壤管理 幼树期间，山地直播核桃要扩大树盘，防止水土流失。梯田或平地果园，间作豆类或薯类作物、中草药、绿肥。结果果园，除间作作物和中草药外，主要应种植绿肥。结合深翻改土，施入腐熟落叶、杂草及农作物秸秆等。

2. 合理施肥

（1）施肥原则：按照《绿色食品肥料使用准则》（NY/T 394—2000）规定的标准执行。所施用的肥料应为农业行政主管登记的肥料或免于登记的肥料，禁止使用未经无害化处理的城市垃圾、硝态氮肥和未腐熟的人粪尿。

（2）施肥方法和施肥数量：核桃在整个生长时期，不断地吸收土壤中的各种养分。其对养分的吸收，在一年中，在不同年龄阶段并不均衡，它有吸收量最多的关键时期。一般在 8 月中旬至 10 月，土壤水分状况也较好，根系正处于秋季生长活动的高峰时期，树体积累和贮藏较多的养分，有利于生长和结果。秋施有机肥可提高土壤孔隙度，利于果园积雪保墒，防止冬春土壤干旱，并可提高地温，减少根际冻害。

追肥：主要追施化肥，尤其是氮肥。追肥是在核桃需肥的关键时期或者为了调节生长和结果关系时应用，是基肥不足的一种补充。追肥主要是在树体生长期进行，以保证核桃当年丰产和健壮生长。根据核桃幼树生长及结果特点，追肥可在以下 3 个时期进行。

开花前：此期正值根系第一次生长期和萌芽开花所需养分竞争期。此期追肥有利于促进生长，减少落花，提高座果率。这次追施主要以速效性氮肥为主，可追施硫酸铵、硝酸铵、尿素等。时间是 3 月下旬。施肥量为全年肥量的 30％。

开花后：主要作用是减少落果，促进幼果的迅速膨大及新梢生长和为花芽分化做准备。追肥种类以速效性氮肥为主，同时应增施适量磷、钾肥。追肥量占全年追肥量的 20％。

硬核期：一般进入硬核期后，果实生长逐渐转缓，种仁开始充实，此时追肥可满足种仁发育所需要的大量养分。同时此时也是花芽分化的关键时期，充足的碳水化合物积累，也有利于花芽分化，为第二年的丰产稳产打下基础。以氮、磷、钾复合肥料为主。追肥量占全年追肥量的 20％。

核桃树的需肥情况，因树龄、树势、结果量及环境条件等变化而变化。在中等肥力的土壤上，每年株施尿素约 100 克，过磷酸钙 30 克，硝酸钾 10 克；结果初期每年每株施尿素约 300 克，过磷酸钙 250 克，硝酸钾 80 克。基肥用量每株折纯 50～100 千克，且保证每年均施。

施肥方法：根部施肥，可以采用环状施肥、行间沟施、穴状施肥、辐射状沟施肥；叶面喷肥，可以喷施 0.3％～0.5％尿素、0.3％～0.5％氯化钾、1.0％～3.0％过磷酸钙浸出液等。

3. 水分管理 没有灌溉条件的地块在树盘中均匀设置 3～4 个营养穴，穴深 60～80 厘米，穴内施入有机肥、作物秸秆及适量 N、P、K 及微量元素，灌足水，穴表面及树盘下用塑膜封严。

（四）病虫害防治

1. 病虫害防治原则 积极贯彻"预防为主，综合防治"的植保方针。按照《绿色食品农药使用准则》（NY/T 393—2000）要求，以农业和物理防治为基础，提倡生物防治，科学使用化学防治技术，有效控制病虫危害。

农业防治：清除树盘，消灭越冬病虫源；立春后，及时在树根基部培土堆（高 30 厘米）或在树干中下部光滑处倒绑塑料布，或涂刷黏虫胶环，防治草履介壳虫。

物理防治：根据害虫生物学特性，采取糖醋液、诱虫灯等方法诱杀害虫。

化学防治：提倡使用生物源农药、矿物源农药。禁止使用剧毒、高毒、高残留农药和致畸、致癌、致突变农药。严格按照规定的浓度、每年使用次数和安全间隔期要求施用。同作用机理农药交替、混合使用，喷药均匀周到。

2. 主要病虫害及防治措施

（1）核桃举肢蛾：在 6 月成虫羽化前或 8 月幼虫脱果期，每隔 10～15 天喷 1 次 50％辛硫磷 1 000～1 500 倍液或 5％抑太保 1 500～2 000 倍液，共 2～3 次。

（2）草履蚧：对树上若虫喷 50％辛硫磷 1 000 倍液或 25％扑虱灵可湿性粉剂 1 500～2 000 倍液或 50％杀螟硫磷乳油 1 000～1 500 倍液。

（3）核桃瘤蛾：老熟幼虫化蛹前在树干距地面 1 米处绑麦秸束，诱杀树下幼虫。幼虫发生期（6 月中下旬和 8 月中下旬）喷布 20％杀铃脲悬浮剂 8 000～10 000 倍液或 40％乐果 1 000～2 000 倍液。

（4）核桃黑斑病：采收后结合修剪，剪除病梢，拾净落果集中烧毁，减少病源；萌芽前，喷布波美 3°～5°石硫合剂；3、7 月中旬至 8 月中旬，喷布 70％甲基托布津 800～1 000 倍液或 40％福星乳油 6 000～8 000 倍液。

3. 禁止使用的农药　包括甲拌磷、乙拌磷、久效磷、对硫磷、甲胺磷、甲基对硫磷、甲基异柳磷、氧化乐果、克百威、涕灭威、杀虫脒、三氯杀螨醇、克螨特、滴滴涕、六六六、林丹、氟化钠、氟乙酰胺、福美胂及其他砷制剂、汞制剂等。

（五）核桃采收、脱皮、干燥与贮藏

1. 核桃的采收适期　核桃果实的成熟期，因品种和气候条件不同而异，中阳县事宜采收期在白露后 5～7 天。核桃果实成熟的外观形态特征是：青果皮由绿色变为黄绿色部分顶部开裂，青果皮易玻璃，约有 1/4 的果实青皮裂开，此时是采果的最佳时期。此时采收的果实种仁饱满、仁色发白、风味浓香、品质良好；采收过早影响产量和质量，应予以改进。

2. 采收方法　在果实成熟时，用竹竿敲击果实所在的枝条，或触落果实，这是一种普遍的采收法。其技术要点是：敲打时应该从上到下，从内到外，顺枝进行，以免损伤枝芽，影响翌年产量。

3. 青皮脱除　果实采收后，将其及时运到室外阴凉处，切忌在阳光下暴晒。然后按50 厘米左右的厚度堆成堆（堆积过厚易腐烂），同时在果堆上加约 10 厘米厚的湿杂草，促进果实后熟，加快脱皮速度；一般堆沤 3～5 天，当青果皮离壳或开裂达 50％以上应及时进行脱青皮。脱皮时用水果刀将核桃切一刀，左右撬一下，青皮即可脱落，否则再继续堆沤（切勿用木棍敲击、或用刀削皮）。这样处理的果实外观漂亮，商品价值高。

4. 坚果漂洗　脱皮后的核桃应及时放入清水内洗去烂皮、泥土及其他污物，这样可提高核桃的外观品质。洗涤方法：通常把脱皮的坚果装入框内，把筐放在水池中（流水中更好），用木棍搅洗。在水池中洗涤时，应及时换清水，均匀搅拌 5 分钟左右，即可捞出摊放于席箔上晾晒。若要进行漂白处理，应先把 0.5 千克漂白粉加温水 3～4 千克化开、滤渣，然后倒入陶瓷缸内，对清水 30～40 千克，配成漂白液。将洗涤后的湿核桃放入漂白液中搅拌 8～10 分钟，当果壳由青红色变为白色时，捞出用清水冲去漂白粉残留物然后晒干。

做种籽用的核桃，脱青皮后不必洗涤和漂白，可直接晒干后储藏备用。

5. 坚果晾晒　核桃坚果漂洗后，不可放在阳光下暴晒，以核壳破裂和核仁变质，应堆放在竹席上先阴半天，待大量水分蒸发后在摊晒。晾晒时，果实摊放厚度应不超过两层果实为宜，而且要经常翻动，一般 5～7 天即可晒干。

6. 坚果贮藏　核桃适宜的贮藏温度为 1～2℃，相对湿度不高于 50％～60％，一般的贮藏温度也低于 8℃。即应藏在通风、阴凉、干燥的地方。

干藏：将脱去青皮的核桃置于干燥通风处阴干，晾至坚果的隔膜一折即断、种皮与种仁分离不易、种仁颜色内外一致时，便可贮藏。将干燥的核桃装在麻袋中，放在通风、阴凉、光线不直接射到的房内。贮藏期间要防止鼠害、霉烂和发热等现象的发生。

湿藏：在地势高燥、排水良好、背阴避风处挖一条深 1 米、宽 1～0.5 米、长随贮藏量而定的沟。沟底先铺一层 10 厘米左右厚的洁净湿沙，沙的湿度以手捏成团但不出水为

度。然后一层核桃一层沙铺上，沟壁和核桃之间以湿沙充填，不留空隙。铺至距沟口 20 厘米左右时，再盖湿沙与地面平，沙上培土呈屋脊形，其跨度大于沟的宽度。沟的四周开排水沟，避免雨水渗入太多，造成湿度过高，易使核桃霉烂。沟长超过 2 米时，在贮核桃时应每隔 2 米竖一把扎紧的稻草作通气孔用，草把高度以露出"屋脊"为度。"屋脊"的培土厚度随天气而变化，冬季寒冷地区要培得厚些。

第八章 耕地地力调查与质量评价应用研究

本章从耕地资源合理配置、耕地地力现状与建设措施、农业结构调整与适宜性种植、主要作物标准施肥系统的建立与无公害农产品生产对策研究、耕地质量管理对策、耕地资源管理信息系统的应用，为今后耕地管理的信息化、现代化提供了依据。

第一节 耕地资源合理配置研究

一、耕地数量平衡与人口发展配置研究

据 2011 年统计资料，中阳县耕地 19.8 万亩，人口 15.3 万人，人均耕地仅为 1.29 亩。从耕地保护形势看，由于全县农业内部产业结构调整，退耕还林，公路、企业基础设施等非农建设占用耕地，导致耕地面积逐年减少，全县耕地由 2005 年的 21.6 万亩下降到 2011 年的 19.8 万亩，而人口却由 2005 年的 13.69 万人增加到 2011 年的 15.3 万人。从中阳县人民的生存和全县经济可持续发展的高度出发，采取措施，实现全县耕地总量动态平衡刻不容缓。

从中阳县的实际情况分析，扩大耕地总量仍有很大潜力，只要合理安排，科学规划，集约利用，就完全可以有效增加耕地面积。总的途径有三条：一是继续控制人口增长，缓解人口增加与耕地减少的矛盾；二是将农村目前大片无人住居的毁弃旧居民区进行退宅还田；三是通过土地开发整理扩大耕地面积。

二、耕地地力与粮食生产能力分析

（一）耕地粮食生产能力

耕地生产能力是粮食产量的决定性因素之一。近年来，由于种植结构调整和建设用地、退耕还林还草等因素的影响，粮食播种面积在不断减少，而人口在不断增加，养殖业发展对粮食的需求量也在增加。要保证全县粮食需求，挖掘耕地生产潜力已成为农业生产中的大事。

耕地的生产能力是由土壤本身肥力决定的，其生产能力分为现实生产能力和潜在生产能力。

1. 现实生产能力 中阳县现有耕地面积为 19.8 万亩，中低产田 17.86 万亩，占总耕地的 90.19%。2011 年，全县农作物播种面积 14.65 万亩，其中粮食作物 13.32 万亩，平均亩产 161.2 千克，总产量为 21 470.8 吨；薯类 2.22 万亩，平均亩产 156.5 千克（折

粮），总产量为 3 477.3 吨；油料 0.88 万亩，平均亩产 49.9 千克，总产量为 438.9 吨；蔬菜 0.39 万亩，平均亩产 920.6 千克，总产量为 3 585 吨；瓜类 0.12 万亩，平均亩产 802 千克，总产量为 962.4 吨。粮食产量见表 8-1。

表 8-1 中阳县 2011 年粮食产量统计

作 物	总产量（吨）	平均亩产（千克/亩）
粮食总产量	21 470.8	161.2
玉 米	37 100	282.52
谷 子	18 700	167.2
豆 类	45 400	76.6
其 他	4 377	136.78

目前，中阳县耕地土壤有机质平均含量为 11.74 克/千克，全氮平均含量为 0.91 克/千克，有效磷平均含量为 9.72 毫克/千克，速效钾含量平均为 98.71 毫克/千克。

2. 潜在生产能力 生产潜力是指在正常的社会秩序和经济秩序下所能达到的最大产量。从历史的角度和长期的利益来看，耕地的生产潜力是比现实粮食产量更为重要的粮食安全因素。

经过对中阳县地力等级的评价得出，19.8 万亩耕地以全部种植粮食作物计，其粮食最大生产能力为 63 756 吨，平均单产可达 322 千克/亩，全县耕地仍有很大生产潜力可挖。

纵观中阳县近年来的粮食、油料、蔬菜的平均亩产量和全县农民对耕地的经营状况，全县耕地还有巨大的生产潜力可挖。从近几年全县玉米、谷子配方施肥试验、示范情况看，配方施肥区比习惯施肥区增产率都在 18% 左右。如果能进一步增加农业投入，加强农田基本建设，采取配方施肥措施和科学合理的耕作技术，提高劳动力素质，全县耕地综合生产能力就能够稳步提高。

（二）不同时期人口、食品构成和粮食需求分析预测

农业是国民经济的基础，粮食是关系国计民生和国家自立与安全的特殊产品。从新中国成立初期到现在，全县人口数量、食品构成和粮食需求都在发生着巨大变化。新中国成立初期，居民食品构成主要以粮食为主，也有少量的肉类食品，水果、蔬菜的比重很小。随着社会进步，生产的发展，人民生活水平逐步提高。到 20 世纪 80 年代初，居民食品构成依然以粮食为主，但肉类、蛋类、油料、水果、蔬菜等的比重均有了较大提高。到 2011 年，中阳县人口增至 15.3 万人，居民食品构成中，粮食所占比重有明显下降，肉类、蛋类、水产品、油料、水果、蔬菜、食糖比重明显增加。

中阳县粮食人均需求按国际通用粮食安全 400 千克计，中阳县人口自然增长率以山西 2005 年人口自然增长率 6.02‰ 计，到 2015 年底，全县人口将达到 15.48 万人，粮食需求总量预计 6.19 万吨。因此，人口增加对粮食的需求将会对农业发展提出新的要求。

中阳县粮食生产还存在着巨大的增长潜力。只要稳步增加农业资金、技术、劳力的投入，全县粮食产出与需求的矛盾一定能得到解决。

（三）粮食安全警戒线

粮食是人类生存和社会发展最重要的产品，是具有战略意义的特殊商品，粮食安全不

仅是国民经济持续健康发展的基础，也是社会安定、国家安全的重要因素。近年来，随着农资价格上涨，种粮效益低等因素影响，农民种粮积极性不高，全县粮食单产徘徊不前。所以，必须对全县的粮食安全问题给予高度重视。

2011 年中阳县的人均粮食占有量为 140.33 千克，而当前国际公认的粮食安全警戒线标准为年人均 400 千克。相比之下，两者的差距值得深思。

三、耕地资源合理配置意见

（一）稳定粮食生产

在确保粮食生产安全的前提下，优化耕地资源利用结构，合理配置其他作物占地比例。为确保粮食安全需要，对中阳县耕地资源进行如下配置：全县现有 19.8 万亩耕地中，其中 15 万亩用于种植粮食，按每亩平均最高产量 322 千克估算，总产达 4.83 万吨，以满足全县人口粮食需求，其余 4.8 万亩耕地用于蔬菜、水果、油料等作物生产。

（二）依法保护耕地

根据《土地管理法》和《基本农田保护条例》划定全县基本农田保护区，将综合条件好、土壤肥力高、自然生态条件适宜的耕地用于粮食生产。在耕地资源利用上，坚持基本农田总量平衡的原则。一是建立完善的基本农田保护制度，用法律保护耕地；二是明确各级政府在基本农田保护中的责任，严控占用保护区内耕地，严格控制城乡建设用地；三是实行基本农田损失补偿制度，实行谁占用、谁补偿的原则；四是建立监督检查制度，严厉打击无证经营和乱占耕地的单位和个人；五是建立基本农田保护基金，政府每年投入一定资金用于基本农田建设。

（三）科学提高耕地利用率

在耕地资源配置上，要以粮食生产安全为前提，以农业增效、农民增收为目标，应用优质、高效、安全的综合栽培技术，提高耕地利用率。

第二节　耕地地力现状与建设措施

一、耕地地力现状

耕地地力，就是耕地的综合生产能力，集中反映于土壤养分含量上。经过历时 3 年的调查分析，检测土壤肥力样品 3 393 个，初步了解了全县耕地地力现状。

中阳县土壤肥力水平低，严重制约农业生产发展，表现在以下三方面：

1. 耕地土壤养分含量整体低　全县耕地土壤有机质平均含量为 11.74 克/千克，属省五级水平；全氮平均含量为 0.91 克/千克，属省六级水平；有效磷平均含量为 9.72 毫克/千克，属省六级水平；缓效钾平均含量为 789.92 毫克/千克，属省三级水平；速效钾平均含量为 98.71 毫克/千克，属省四级水平；有效硫平均值为 29.3 毫克/千克，属省五级水平；有效铜平均值为 1.2 毫克/千克，属省四级水平；有效锌平均值为 1.59 毫克/千克，属省五级水平；有效锰平均值为 9.74 毫克/千克，属省四级水平；有效铁平均值为 7.22

毫克/千克，属省五级水平；有效硼平均值为 0.15 毫克/千克，属省五级水平（省耕地养分标准共分六级）。从分析结果可以看到，中阳县土壤养分大量元素、中量元素、微量元素含量都属全省最低水平。

2. 肥力水平高的耕地比例小 全县一级地（相当于国家 3～5 级）19 436.2 亩，占总耕地的 9.82%；二级地（相当于国家 5～6 级）69 789.61 亩，占总耕地的 35.25%。

3. 耕地土壤养分含量总体没有增高的趋势 本次化验结果与 2010 年测定值比较：中阳县耕地土壤有机质含量由 10.85 克/千克上升到 12.3 克/千克，全氮含量由 0.86 克/千克上升到 0.90 克/千克，有效磷含量由 10.07 毫克/千克下降到 9.78 毫克/千克，速效钾含量由 121.31 毫克/千克下降到 98.59 毫克/千克。

二、存在主要问题及原因分析

（一）中低产田面积大，土壤肥力水平低

据调查，中阳县共有中低产田 17.86 万亩，占总耕地面积的 90.19%。按主导障碍因素，分为瘠薄培肥型和坡地梯改型两大类型。其中，瘠薄培肥型 10.69 万亩，占耕地面积的 53.97%；坡地梯改型 7.17 万亩，占耕地面积的 36.22%。全县耕地土壤养分大量元素、中量元素、微量元素含量除钾外都属全省最低水平。

中低产田面积大，土壤肥力水平低的主要原因：

一是水土流失严重。中阳县属黄土丘陵沟壑区，沟壑纵横，土壤质地偏轻、结构松散、抗蚀性能力差；加之雨量集中于夏秋之季，且多以暴雨形式降落，这是造成水土流失的主要原因。据有关部门 1982 年调查，多年平均侵蚀模数为 16 000 吨/千米^2 左右，相当于每年全县表土层平均流失 1 厘米；折合每亩地年流失土壤 8 335 千克，流失有机质 43.5 千克，流失氮 3.45 千克，流失速效磷 0.6 千克，流失速效钾 14.4 千克。年复一年，坡地土壤养分随着表土的流失而流失，土壤肥力逐年下降。

二是干旱平凡。由于连年干旱，影响了土壤腐殖质化和矿质化，使土壤自身肥力得不到有效发挥。

三是土壤养分投入与支出失调。全县耕地有机肥、化肥施用量严重不足，而每年作物都要从土壤中带走大量养分，使土壤养分总量不断减少。

四是农田基本建设投入不足，中低产田改造措施不力。

（二）农业生产效益低

中阳县耕地虽然经过农田基本建设、农业科技推广等措施，使耕地单产呈现上升趋势，但近年来，农业生产资料价格一再上涨，农业生产成本高，有时出现种粮赔本现象，大大挫伤了农民种粮的积极性。

（三）施肥结构不合理

作物每年从土壤中带走大量养分，客观上需要通过施肥来补充。因此，施肥直接影响到土壤中各种养分的含量。近几年在施肥上存在"三重三轻"的问题：第一，重特色产业，轻普通作物；第二，重廉价的复混肥料，轻专用配方肥料。随着我国化肥市场的快速发展，复混（合）肥异军突起，其应用对土壤养分的变化也有影响，许多复混（合）肥杂

而不专，因价格低农民对其依赖性较大，而对于自己所种作物需什么肥料，土壤缺什么元素，底子不清，导致盲目施肥；第三，重化肥使用，轻有机肥使用。近些年来，农民将大部分有机肥施于菜田，特别是优质有机肥，而占很大比重的耕地有机肥却施用不足。一些农民通过增施氮肥取得产量，结果致使土壤其他养分含量不断降低、土壤板结，造成土壤养分恶性循环。

三、耕地地力建设措施

（一）继续抓好农田基本建设，对坡耕地综合治理，有效控制水土流失

要通过实施修筑梯田（水平梯田、隔坡梯田、缓坡梯田）为中心的田间水保工程，以减少水土流失，增加耕地土体厚度和耕层熟化层厚度。地面坡度较小的（5°～10°）地方可修筑水平梯田，田面宽度以 12～18 米为宜；对于坡度为 10°～15°之间的坡地，以修筑隔坡梯田较为理想，要求平段田面宽为 8.5～12 米，隔坡长度为 21～30 米，平坡比 1/2.5，地埂高度为 1～1.5 米较为适宜。

（二）大搞秸秆还田、增施有机肥，提高土壤有机质，解缓土壤污染的危害

有机肥的使用，可有效提高土壤有机质含量，缓解土壤污染的危害。要通过秸秆还田，发展畜牧业等措施，增加有机肥源，政府采取鼓励措施和创造有利条件鼓励农民大量增施有机肥。

在有机肥的使用上，要注意两点：一是秸秆直接还田，要与动物性有机肥和秸秆腐熟剂的使用相配合，以促进秸秆的快速腐熟和减少秸秆对作物播种等农田作业的不利影响；二是动物性和生活垃圾性的有机肥，必须充分发酵后，才可施入农田，否则会对土壤造成污染。因此，应大力发展农村沼气，将有机肥经沼气池发酵后再施入农田，这样不仅防止了有机肥对土壤的污染，更重要的是增加了有机肥中营养成分的种类和数量。

（三）全面推广配方肥料，满足作物对养分的需求，保持和提高土壤肥力

速效性氮肥极易分解，通常施入土壤中的氮素化肥的利用率为 25%～50%，或者更低。这说明施土壤中的氮素，挥发渗漏损失严重。

中阳县地处黄土高原，属石灰性土壤，土壤中的磷常被固定，而不能发挥肥效。

中阳县土壤中钾的含量虽然在短期内不会成为限制农业生产的主要因素，但随着农业生产进一步发展和作物产量的不断提高，土壤中有效钾的含量也会处于不足状态。所以，在生产中，定期监测土壤中钾的动态变化，及时补充钾素。

微量元素肥料，作物的需要量虽然很少，但对提高产品产量和品质有大量元素不可替代的作用。近年化验结果表明，全县土壤硼、锌、铁等微量元素含量均不高。

配方肥料养分含量全面、针对性强，具有养分释放缓慢、不易被土壤固定等优点，是满足作物生长需要，提高土壤肥力的优质肥料，全面推广配方肥料是科学利用耕地资源的重要措施。

（四）因地制宜，改良中低产田

中阳县中低产田面积比较大，影响了耕地地力水平，导致全县粮食产量水平低。因此，要从实际出发，分类配套改良技术措施，进一步提高全县耕地地力质量（详见中低产

田改良利用）。

四、成果应用与典型事例

典型 1　——中阳县下枣林乡岔沟村配方肥料使用效果调查

中阳县下枣林乡岔沟村，从 2010 年开始至 2012 年连年使用配方肥料，3 年共使用配方肥料 600 袋，应用面积 600 亩，粮食平均亩产 454.1 千克，比当地习惯施肥平均亩产 360.2 千克，亩增产 93.9 千克，增产率达 26.07%。其中：

2010 年玉米配方施肥 97 亩，平均亩产 470 千克，习惯施肥平均亩产 370 千克，平均亩增产 100 千克，增产率 27.0%；2011 年玉米配方施肥 150 亩，平均亩产 450 千克，习惯施肥平均亩产 320 千克，平均亩增产 130 千克，增产率 40.6%；2012 年玉米配方施肥 75 亩，平均亩产 450 千克，习惯施肥平均亩产 310 千克，平均亩增产 140 千克，增产率 45.2%；2010—2012 年玉米配方施肥总面积 322 亩，平均亩增产 123.3 千克，增产率 36.9%。

2010 年谷子配方施肥 80 亩，平均亩产 330 千克，习惯施肥平均亩产 290 千克，平均亩增产 40 千克，增产率 13.8%；2011 年谷子配方施肥 50 亩，平均亩产 270 千克，习惯施肥平均亩产 205 千克，平均亩增产 65 千克，增产率 31.7%；2012 年谷子配方施肥 30 亩，平均亩产 270 千克，习惯施肥平均亩产 200 千克，平均亩增产 70 千克，增产率 35%；2010—2012 年谷子配方施肥总面积 160 亩，平均亩增产 58.3 千克，增产率 25.17%。

2012 年马铃薯配方施肥 118 亩，平均亩产 700 千克（折粮），习惯施肥平均亩产 610 千克，平均亩增产 90 千克，增产率 14.75%。

经过测土配方施肥技术的推广应用，取得了明显的增产、增收效果。

典型 2　——张子山乡南墕村耕地综合治理效果调查

2012 年张子山乡南墕村，在补修地埂、田面平整、加厚耕作层等耕地综合治理的基础上，通过宣传发动示范玉米配方施肥 100 亩、谷子 300 亩。通过以配方施肥为主的综合配套农业技术的推广应用，取得了良好的效果：100 亩玉米配方施肥示范田，平均亩产 482 千克，比当地其他玉米平均水平亩增产 126 千克、总增产 1.26 万千克，亩增产值 201.6 元、亩增收 178 元、亩节约不合理肥料投资及劳务投资 45 元、亩增收节支 223 元，总增收节支 2.23 万元。300 亩谷子配方施肥示范田，平均亩产 260 千克，比当地其他谷子平均水平亩增产 40 千克、总增产 1.04 万千克，亩增产值 200 元、亩增收 182 元、亩节约不合理肥料投资及劳务投资 50 元、亩增收节支 232 元，总增收节支 6.96 万元。100 亩玉米、300 亩谷子，总增产 2.3 万千克、总增收节支 9.28 万元。具体做法是：

（1）政策宣传、技术培训：为了搞好示范点建设，2012 年 3 月在张子山乡组织召开了配方施肥项目培训会，向农民及乡村干部宣传了测土配方施肥的重要性和国家有关政策，讲解了科学施肥的理论基础、肥料施用的有关知识，使广大干部和群众对测土配方施肥有了正确的认识。在综合培训的基础上，县乡技术人员和乡村干部进村入户，对张子山乡南墕村村民进行培训，以户发放了《科学施肥知识》读本和玉米、谷子、大豆、马铃薯施肥建议卡，告诉农民如何按施肥建议卡施肥。通过以上多种形式的技术培训，提高了广大农民的整体素质和科学施肥水平，为示范点的建设和良好效果的取得奠定了坚实的基础。在配方肥的使用中，根据土壤样品化验结果，选用了相应的配方肥，并指导农民一次性底施。

（2）统一安排、协调配合：为了大面积展示配方施肥技术应用效果，我们发动示范点上农民在规定的示范区域内统一种植玉米、谷子。为此，我们做了以下三方面的工作：一是由村集体负责，为示范点农户统一耕地、播种；二是县土肥站在向农民发放配方施肥建议卡的基础上，为示范区制定了每亩地施用专用配方肥料 1 袋，苗留苗玉米 3 000 株、谷子 20 000 株的统一方案；三是示范点所用肥料在县土肥站指导下，统一由当地乡（镇）农技站提供；四是在示范点建设中我们与县农机站、张子山乡政府共同研究开展工作的方法、关键技术的应用、产量测算办法等，在共同研究的基础上，县土肥站提供施肥方案和配方肥料，并由乡（镇）农业技术员具体指导实施，张子山乡政府负责示范农户种植计划的具体落实，县农机局提供机械作业，及时进行耕地、施肥和播种，通过多方配合保证了示范工作的正常开展，取得了理想效果。

（3）科学调查、验证效果：2012 年秋季组织张子山乡部分村干部和科技示范户进行了观摩，大家一致认为，专用配方肥效果就是好，特别是在当年干旱严重情况下与对照有明显的区别。为了真正了解配方肥料的增产效果，组织村有经验的农民进行了实地考察、测产并对其中的 5 亩玉米和 8 亩谷子示范进行了单收单打，同时用仪器测定水分核算产量为：玉米平均亩产 536 千克，谷子平均亩产 312 千克。

第三节　农业结构调整与适宜性种植

近年来，全国各地都在搞农业产业结构调整，但很多地方站在寻求利益的最大化的角度，来调整农业产业结构，而没有认真分析当地自然资源、种植历史、技术水平、经营策略等客观因素，使农业产业结构调整达不到预期的效果。中阳县土地资源贫乏、自然气候恶劣、耕地基础设施建设及园田化水平低，是目前农业生产的基础条件。因此，要从实际出发，以农业稳定发展为前提、以市场为导向、以效益为目标，对全县农业产业结构进行适当调整。

一、农业结构调整的原则

农业结构调整应遵循下列原则：

一是在"决不放松粮食生产，积极发展多种经营"的前提下，与国际、国内农产品市场的需求接轨，以增强全县农产品在国际、国内市场的竞争力。

二是合理利用不同区域的生产条件、技术装备及经济实力，达到趋利避害，发挥优势的目的。

三是充分利用耕地评价成果，正确处理作物与土壤、作物与作物间的矛盾。

四是采用耕地资源管理信息系统，为区域结构调整的可行性提供宏观决策与技术服务。

五是在相对集中的前提下，保持行政村界线的基本完整。

二、农业结构调整的依据

根据此次耕地质量的评价结果，安排中阳县的种植业内部结构调整，应依据不同地貌类型耕地综合生产能力和土壤环境质量两方面的综合考虑。

一是土壤类型及耕地类型的分布。中阳县地形支离破碎、耕地及土壤类型错综复杂，不具备分区规划的基本条件，但全县土壤分布随海拔高度不同而呈一定规律性，在海拔相近的同一自然地理单元内，往往有几个土壤类型并存，而几个相似的自然地理单元彼此间分布的土壤类型又基本一致，大体可分为河流阶地、沟坝地、垣地、梯田地、坡地五大不同地貌类型，这是农业结构调整的参考性依据。

二是按照耕地地力评价的1～4个等级标准，在各个地貌单元中所代表面积的数值衡量，以适宜作物发挥最大生产潜力来分布，做到高产高效作物分布在1～2级耕地为宜，中低产田应在改良中合理利用。

三是按照土壤环境的污染状况，在面源污染、点源污染等影响土壤健康的障碍因素中，以污染物质及污染程度确定，做到该退则退，该治理的采取消除污染源及土壤降解措施，达到无公害绿色产品的种植要求，来考虑作物种类的布局。

三、土壤适宜性及主要限制因素分析

中阳县土壤因成土母质不同，土壤质地也不一致，发育在黄土及黄土状母质上的土壤质地多是较轻而均匀的壤质土，心土及底土层为黏土。总的来说，该县的土壤大多为壤质，沙黏含量比较适合，在农业上是一种质地理想的土壤，其性质兼有沙土和黏土之优点，而克服了沙土和黏土之缺点，它既有一定数量的大孔隙，还有较多的毛管孔隙，故通透性好，保水保肥性强，耕性好，宜耕期长，好抓苗，发小苗又养老苗。

综合以上土壤特性，中阳县土壤适宜性强，玉米、谷子、大豆等粮食作物，番茄、青椒、西瓜等瓜菜作物，苹果、核桃等经济作物都适宜该县种植。

但种植业的布局除受土壤质地影响外，还受到地理位置、水分条件等自然因素和经济条件的限制。山地、丘陵等地区，由于坡耕地比例大，土壤肥力低，干旱缺水，气候冷凉，农业经济条件差。因此，要在管理好现有耕地的基础上，将智力、资金和技术逐步转移到中低产田治理和非耕地的开发上，大力发展林、牧业，建立农、林、牧结合的生态体系。垣地面积大的地区，由于土地平坦，土壤肥力相对较高，农业生产基础条件较好，经济条件及农业现代化水平也较高，应充分利用地理、经济、技术优势，在决不放松粮食生产的前提下，积极开展多种经营，实行粮、菜、果全面发展。河流阶地面积较大地区，由于土地平坦，土壤肥力较高，经济条件好，特别是有可开发利用的水资源，应充分利用资源优势，通过建设节水灌溉工程，发展高效蔬菜、水果生产。

在种植业的布局中，必须充分考虑到各地的自然条件、经济条件，合理利用自然资源，对布局中遇到的各种限制因素，应考虑到它影响的范围和改造的可行性，最大限度地、持久地发掘自然生产潜力，做到地尽其力。

四、种植业布局分区分类的建议

根据中阳县种植业布局分类分区的原则和依据，结合本次耕地地力调查与质量评价结果，将中阳县划分为三大类种植区。

(一) 川谷菜、粮、果类种植区

本类种植区分布于中阳县南川河、暖泉河、留誉河两岸的宁乡镇、金罗镇、暖泉镇、武家庄镇等乡 (镇)，总面积约 19 950 亩，占总土地面积的 9.2%。

1. 区域特点　该区海拔较低，地势平坦，水土流失轻微，地下水位较浅，水源比较充足，属井河两灌区，目前水利设施不完善，大部分未开发利用，90% 的耕地不进行灌溉。耕地园田化水平高，交通便利，农业生产条件优越。年平均气温 10℃ 左右，年降水量 478.3 毫米，无霜期 180 天，气候温和，热量充足，农业生产水平较高。

土壤为灰褐土性土和浅色草甸土 2 个亚类，土壤耕性良好，适种性广，施肥水平较高，土壤 pH 平均值为 8.07；有机质含量为 11.90 克/千克，比全县平均含量 11.74 克/千克高 0.16 克/千克；全氮含量为 0.87 克/千克，属省四级水平；有效磷含量为 9.30 毫克/千克，属省五级水平；速效钾含量为 93.14 毫克/千克，属省五级水平。

该区域原来是中阳县重要的蔬菜生产区，近年来，随着非农用地的增加，耕地面积迅速减少。

2. 种植业发展方向　该区以建设菜、粮、果为主攻方向。扩大蔬菜面积，适当发展葡萄、桃等水果。在现有基础上，优化结构，建立无公害生产基地。

3. 主要保障

(1) 加大土壤培肥力度，全面推广沼渣，沼液使用技术，以增加土壤有机质，改良土壤理化性状，缓解和降低土壤污染。

(2) 注重作物合理轮作，对病菌残留多，对发展个别品种蔬菜已有严重影响的地块，要通过调整作物种植种类等措施合理利用耕地，坚决杜绝多年连茬的习惯。

(3) 全力以赴搞好基地建设，通过建设农田水利实施等措施和标准化建设、模式化管理、无害化生产技术的应用，提高农业生产的经济效益和社会效益。

(二) 丘陵粮、果、药材区

该区广泛分布于海拔为 1 450 米以下的黄土丘陵地区，面积约 71 700 亩，占总土地面积的 33.1%。

1. 区域特点　该区土层深厚，耕作历史悠久，土壤侵蚀严重，沟蚀、面蚀频繁，年复一年，表层土壤常被冲刷侵蚀掉，使土壤发育常处于幼年阶段，剖面发育不全。土壤类型包括黄绵土、栗褐土和少数粗骨土。耕地主要有机修梯田地、人工梯田地和坡。表土层有机质含量低，心、底土层的含量更少，而且不同地类间养分含量差异大。

2. 种植业发展方向　该区宜发展杂粮、果树和实生中药材。

3. 主要保障措施

(1) 进一步抓好平田整地，整修梯田，建好"三保田"。

（2）千方百计增施有机肥，搞好测土配方施肥，增加微肥的施用。

（3）积极推广旱作技术和高产综合技术，提高科技含量。

（三）高寒粮、牧区

该区包括枝柯镇、宁乡镇万年饱村以南区域，海拔为 1 300～2 100 米，面积为 1 246 500 亩，占总土地面积的 57.7%。

1. 区域特点　该区属土石山区，气候寒冷，人口稀少，林草繁茂，植被较好，无霜期短，气候垂直变化差异明显，年降水量 550 毫米，以农耕和牲畜为主。土壤类型包括山地灰褐土、山地褐土和大量山地棕壤。耕地主要有沟谷阶地、机修梯田、人工梯田和坡地。表土层有机质含量较高，心、底土层的含量渐低。

2. 产业发展方向　重点建立肉牛、柏籽羊、马铃薯、苦荞等生产基地。发展畜牧和特色小杂粮。

3. 主要保障措施　进一步加强耕地整理，通过开通田间道路、田面平整、修筑地埂、增施有机肥、深耕打破犁底层、地膜覆盖等措施提高耕地综合生产能力。

充分利用其海拔较高，光照充足，昼夜温差大，农产品质量好的优势，发展苦荞、红芸豆、莜麦、马铃薯生产，提高耕地生产效益和产品的市场竞争力。

利用资源优势，引进优良草食家畜品种，积极发展畜牧产业。

五、农业远景发展规划

中阳县农业的发展，应进一步调整和优化农业结构，全面提高农产品品质和经济效益，建立和完善全县耕地质量管理信息系统，随时服务布局调整，从而有力促进全县农村经济的快速发展。现根据各地的自然生态条件、社会经济技术条件，特提出发展规划如下：

一是全县粮食播种面积保证 14 万亩，单产力争达到 300 千克/亩。

二是稳步发展优质果树生产，大力推广水果优质、稳产技术，规范核桃的栽培、管理，使果树真正成为农民收入的支柱性产业。

三是整理、开发、建设蔬菜生产基地。对旧的蔬菜生产基地，要通过物资、资金、技术的全方位投入和政府的引导，使其走上集约经营，优质、高效生产的轨道；在总结近年来的蔬菜零星种植成功经验的基础上，从疏通产品销售渠道入手，引导和培养旱地蔬菜生产、销售队伍，建设规模大、效益高的旱作蔬菜生产基地。

第四节　主要作物标准施肥系统的建立与无公害农产品生产对策研究

一、养分状况与施肥现状

（一）全县土壤养分状况

中阳县耕地土壤有机质平均含量为 11.74 克/千克，属省五级水平；全氮平均含量为 0.91 克/千克，属省六级水平；有效磷平均含量为 9.72 毫克/千克，属省六级水平；缓效钾平均含量为 789.92 毫克/千克，属省三级水平；速效钾平均含量为 98.71 毫克/千克，属省四级水平；有效硫平均值为 29.3 毫克/千克，属省五级水平；有效铜平均值为 1.2 毫克/千克，属省四级水平；有效锌平均值为 1.59 毫克/千克，属省五级水平；有效锰平均值为 9.74 毫克/千克，属省四级水平；有效铁平均值为 7.22 毫克/千克，属省五级水平；有效硼平均值为 0.15 毫克/千克，属省五级水平。

以上数据说明，中阳县土壤的贫瘠程度已经达到各级领导和广大农民必须引起重视的程度，反过来思考，该县农民多年的贫穷的重要因素就是土壤的贫瘠。

（二）全县施肥现状

2011 年，中阳县农业化肥施用量（实物）3 880 吨，按大约 14 万亩播种面积折算，每亩施用实物量不足 28 千克，按使用肥料种类综合估算有效养分含量 20% 左右，每亩施用有效养分量不足 5.6 千克，有机肥和微肥施用面积大约占总耕地面积的 20%。

总体有机肥、化肥施用量严重不足。

二、存在问题及原因分析

1. 有机肥、化肥施用总量严重不足 原因是多方面的：一是在交通不便、土壤贫瘠的耕地上发展农业生产，本身就没有多大的效益，再加上农资价格不断高涨，农产品价格的上涨远赶不上农资价格不断高涨的速度。因此，农民从主观上不愿意增加肥料的投入；二是随着农业机械化水平提高，农村大牲畜大量减少，退耕还林限制了放牧的发展，农村家庭养殖业的衰退等等因素，使有机肥源迅速减少，有的区域已经枯竭，少数规模养殖场虽然有少量的有机肥，但因田间道路不畅，交通不便，运输成本太高，而不能将有机肥施用在耕地上；三是由于客观的地理条件，使大部分的耕地不能实施秸秆还田；四是政府没有鼓励农民增加耕地肥料投入的政策和有效机制。

2. 肥料施用比例失调 第二次土壤普查后，根据缺磷、少氮、钾有余的土壤养分普查结果，提出了增磷、增氮的总体施肥建议，但是农民是标准的现实主义者，因为偏施氮肥在当年能产生比较高的效益。所以，多年来农民的施肥现状是重氮、轻磷、不施钾。正是由于这种长时间不科学的施肥和连年种植但不施肥的掠夺性经营，使耕地土壤养分水平从 1981—2009 年期间出现了下降的趋势：土壤有机质含量由 11.74 克/千克下降到 8.8 克/千克，全氮含量由 0.91 克/千克下降到 0.50 克/千克，有效磷含量由 9.72 毫克/千克下降到 8.9 毫克/千克，速效钾含量由 160 毫克/千克下降到 98.71 毫克/千克。

肥料施用比例失调的另一种情况是，耕地之间比例失调：人们注重高产田投入，而忽视中低产田投入，产量越高，施肥量越大，产量越低施肥量越小，甚至白茬下种。因而造成高产地块肥料浪费，而中低产田产量提不高。这种化肥不合理分配，直接影响化肥的经济效益和农产品的质量。

3. 化肥施用方法不当 一是氮肥浅施、表施。在氮肥施用上，多数农民为了省时、省工，将碳酸氢铵、尿素撒于地表，旋耕犁旋耕入土，造成一部分氮素挥发损失，降低了肥料的利用率，对大气造成污染；二是磷肥撒施、浅施。多数农民将磷肥撒施、浅施，使作物不能充分吸收利用，并且造成磷固定，降低了磷的利用率和当季施用肥料的效益。

4. 忽视钾肥的施用 针对第二次土壤普查结果，速效钾含量较高，多年耕地只施用氮、磷两种肥料，而不施用钾肥，造成土壤钾素消耗日趋严重。

三、化肥施用区划

（一）目的和意义

化肥施用区划，是根据全县不同区域、地貌类型、土壤类型的土壤养分状况，耕地类型，作物布局，当前化肥使用水平和历年化肥试验结果进行统计分析和综合研究，提出不同区域氮、磷、钾及微肥的使用标准。

目的和意义是：为全县今后一段时间内，通过科学、合理的施肥措施，达到提高肥料投入效益、改善农产品品质、逐步培肥土壤、保护生态环境的目的；化肥施用区划方案的执行，对因地制宜调整农业种植布局，发展特色无公害农产品生产，保护生态环境，促进可持续农业的发展具有重大意义。

（二）分区原则与依据

1. 原则

（1）化肥用量、施用比例和土壤类型及肥效的相对一致性。

（2）土壤地力分布和土壤速效养分含量的相对一致性。

（3）土地利用现状和种植区划的相对一致性。

（4）因各乡（镇）、村耕地类型复杂，不能按行政区域划分。因此，只能坚持耕地类型的相对一致性的原则。

2. 依据

（1）农田养分平衡状况及土壤养分含量状况。

（2）作物种类及分布。

（3）土壤地理分布特点。

（4）化肥用量、肥效及特点。

（5）不同类型耕地及区域对化肥的需求量。

（三）分区和命名方法

化肥区划分为两级区，Ⅰ级区反映不同地类化肥施用的现状和肥效特点；Ⅱ级区根据现状和今后农业发展方向，提出对化肥合理施用的要求。Ⅰ级区按地名＋主要土壤类型＋氮肥用量＋磷肥用量＋钾肥用量及肥效结合的命名法而命名。氮肥用量按每季作物每亩平均施 N 量，划分为高量区（10 千克以上）、中量区（7.6～10 千克）、低量区（5.1～7.5 千克）、极低量区（5 千克以下）；磷肥用量按每季作物每亩平均施用 P_2O_5 划分为高量区（7.5 千克以上）、中量区（5.1～7.5 千克）、低量区（2.6～5 千克）、极低量区（2.5 千克以下）；钾肥肥效按每千克 K_2O 增产粮食千克数划分为高效区（5 千克以上）、中效区（3.1～5 千克）、低效区（1.1～3.1 千克）、未显效区（1 千克以下）。Ⅱ级区按地名地貌＋作物布局＋化肥需求特点的命名法命名。根据农业生产指标，对今后氮、磷、钾的需求量，分为增量区（需较大幅度增加用量，增加量大于 20%）、补量区（需少量增加用量，增加量小于 20%）、稳量区（基本保持现有用量）、减量区（降低现有用量）。

（四）分区概述

根据化肥区划分区标准和命名，将全县化肥区划分为 43 个Ⅰ级区（3 个主区），43 个Ⅱ级区（3 个亚区），见表 8-2。

表 8-2　中阳县化肥区划分区

Ⅰ级区命名	耕地面积（亩）	涉及主要乡（镇）
河谷阶地区	28 500	宁乡镇、金罗镇、暖泉镇、武家庄镇、下枣林乡
土石山区	32 100	枝柯镇、宁乡镇
丘陵地区	137 400	金罗镇、张子山乡、宁乡镇、下枣林乡、武家庄镇、暖泉镇
合　计	198 000	—

Ⅰ主，河谷阶地氮肥中量磷肥高量钾肥中效区：

分布于宁乡镇、金罗镇、下枣林乡、武家庄镇、暖泉镇，河谷阶地面积 28 500 亩，主要种植蔬菜、玉米、瓜类。土壤类型为灰褐土性土和浅色草甸土。该区海拔为 900～1 200 米，水土流失不严重，土壤养分平均含量：有机质为 11.9 克/千克，全氮为 0.87 克/千克，有效磷为 9.3 毫克/千克，缓效钾为 757.97 毫克/千克，速效钾为 93.14 毫克/千克，有效铜为 1.24 毫克/千克，有效锰为 10.39 毫克/千克，有效锌为 1.7 毫克/千克，有效铁为 7.37 毫克/千克，有效硼为 0.15 毫克/千克，有效硫为 26.36 毫克/千克。

Ⅰ亚，河谷阶地蔬菜稳氮增磷补钾区：该区土壤肥力状况较好，常年蔬菜平均亩产 1 200 千克左右，建议当季蔬菜平均亩施氮 10～13 千克，P_2O_5 8～10 千克，K_2O 4～5 千克，注意施用微量元素肥料。

Ⅱ主，山石山区氮肥中量磷肥高量钾肥中效区：包括枝柯镇、宁乡镇南部，面积 32 100 亩。主要种植马铃薯、莜麦。土壤类型以山地灰褐土和山地褐土为主。该区海拔为 1 300～2 100 米，土壤养分平均含量：有机质为 13.91 克/千克，全氮为 0.94 克/千克，有效磷为 9.84 毫克/千克，缓效钾为 807.66 毫克/千克，速效钾为 100.86 毫克/千克，有效铜为 1.23 毫克/千克，有效锰为 10.24 毫克/千克，有效锌为 1.45 毫克/千克，有效铁为 7.04 毫克/千克，有效硼为 0.12 毫克/千克，有效硫为 30.44 毫克/千克。

Ⅱ亚，土石山区马铃薯稳氮增磷补钾区：该区马铃薯一般亩产为 800～1 500 千克。亩产为 800～900 千克，建议亩施 N 为 7～8 千克，P_2O_5 为 3～4 千克，K_2O 为 2～3 千克；亩产为 350～400 千克，亩施 N 为 8～10 千克，P_2O_5 为 4～5 千克，K_2O 为 3～4 千克；亩产为＞1 200 千克，亩施 N 为 10～12 千克，P_2O_5 为 5～6 千克，K_2O 为 4～5 千克；同时增施相应的微量元素肥料。

Ⅲ主，丘陵区氮肥高量磷肥高量钾肥中效区：该区包括全县 6 个乡（镇），耕地面积 137 400 亩，主要种植粮、果，该区土壤以灰褐土性土为主，海拔为 1 100～1 600 米，土壤养分平均含量：有机质为 9.88 克/千克，全氮为 0.90 克/千克，有效磷为 8.53 毫克/千克，缓效钾为 771.73 毫克/千克，速效钾为 92.23 毫克/千克，有效铜为 1.18 毫克/千克，有效锰为 9.27 毫克/千克，有效锌为 1.63 毫克/千克，有效铁为 7.18 毫克/千克，有效硼为 0.16 毫克/千克，有效硫为 30.09 毫克/千克。

Ⅲ亚，丘陵粮、果增氮增磷补钾区：该区粮食亩产为＜150 千克地块，建议亩施 N 为

3～5 千克、P_2O_5 为 3～4 千克；粮食亩产为 150～200 千克，建议亩施 N 为 5～7 千克，P_2O_5 为 4～5 千克；粮食亩产为 >200 千克，建议亩施 N 为 7～9 千克，P_2O_5 为 5～7 千克，K_2O 为 2～4 千克；同时，根据土壤养分测定和作物需要增施微量元素肥料。

（五）提高化肥利用率的途径

1. 统一规划，着眼布局 化肥使用区划意见，对全县农业生产及发展起着整体指导和调节作用，使用当中要宏观把握，明确思路。具体应用中要以地貌类型和土壤类型及不同地形部位和不同土壤亚类，以化肥使用区划为标准，结合当地实际情况确定合理科学的施肥量。

2. 因地制宜，节本增效 全县地形复杂，土壤肥力差异较大，各区在化肥使用上一定要本着因地制宜，因作物制宜，节本增效的原则，通过合理施肥及相关农业措施，不仅要达到节本增效的目的，而且要达到用养结合、培肥地力的目的，变劣势为优势。对坡降较大的丘陵、沟壑区要注意防治水土流失，施肥上要少量多次。

3. 秸秆还田、培肥地力 运用合理施肥方法，大力推广秸秆还田，提高土壤肥力，增加土壤团粒结构，提高化肥利用率，同时合理轮作倒茬，用养结合。旱地氮肥"一炮轰"，水地底施 1/2，追施 1/2；磷肥、钾肥集中深施；有机无机相结合，氮磷钾微相结合。

总之，要科学合理施用化肥，以提高化肥利用率为目的，以达到增产增收增效。

四、无公害农产品生产与施肥

无公害农产品是指产地环境、生产过程和产品质量均符合国家有关标准的要求，经认证合格，获得认证证书并允许使用无公害农产品标志的未经加工或初加工的农产品。根据无公害农产品标准要求，针对全县耕地质量调查施肥中存在的问题，发展无公害农产品，施肥中应注意以下几点：

（一）选用优质农家肥

农家肥是指含有大量生物物质、动植物残体、排泄物、生物废物等有机物质的肥料。在无公害农产品的生产中，一定要选用足量的经过无害化处理的堆肥、沤肥、厩肥、饼肥等优质农家肥作基肥，特别应选用经沼气池发酵的沼肥，未腐熟和未经无害化处理的农家肥不得直接施入农田。确保土壤不会因施肥造成新的污染，确保土壤肥力逐年提高，满足无公害农产品生产的需要。

（二）选用合格商品肥

商品肥料有精制有机肥料、有机无机复混肥料、无机肥料、腐殖酸类肥料、微生物肥料等。生产无公害农产品时一定要选用合格的商品肥料，最好选用优质配方肥料。

（三）改进施肥技术

1. 调控化肥用量和比例 根据该县目前施肥现状，总体上要增加农家肥和化肥的用量、调整 N、P、K 比例。目前少量氮肥投入偏高的耕地，要控制氮肥用量；全县几乎所有耕地都应增加磷肥用量，中高产地要补充施用钾肥和微肥。通过科学施肥，努力提高化肥利用率，减少化肥损失和过量施用对农田环境造成的污染。

2. 改进施肥方法 施肥方法不当，易造成肥料损失浪费、土壤及环境污染，影响作物生长。所以，施肥方法一定要科学，氮肥要深施，减少地面熏伤，忌氯作物不施或少施含氯肥料。因地、因作物、因肥料确定施肥方法，生产优质、高产无公害农产品。

（四）掌握施肥标准

针对中阳县农业生产基本条件，种植作物种类、产量、土壤肥力及养分含量状况，无公害农产品生产施肥总的思路是：着眼于优质、高产、高效、安全农业生产，以节本增效和提高肥料利用率为目标，坚持稳氮增磷补钾的原则，合理调整养分比例，全面推行科学施肥方法。

根据中阳县施肥总的思路，提出在亩施 1 000 千克有机肥基础上，主要作物化肥施肥标准如下：

玉米产量为 400 千克/亩以下地块，氮肥（N）用量推荐为 5～8 千克/亩，磷肥（P_2O_5）用量为 3～4 千克/亩，钾肥（K_2O）用量为 1～2 千克/亩；产量为 400～500 千克/亩的地块，氮肥（N）用量推荐为 8～10 千克/亩，磷肥（P_2O_5）用量为 4～6 千克/亩，钾肥（K_2O）用量为 2～3 千克/亩；产量为 500 千克/亩以上地块，氮肥（N）用量推荐为 10～13 千克/亩，磷肥（P_2O_5）用量为 6～7 千克/亩，钾肥（K_2O）用量为 3～7 千克/亩。

谷子产量为 150 千克/亩以下的地块，氮肥（N）用量推荐为 1～3 千克/亩，磷肥（P_2O_5）用量为 1～2 千克/亩；产量为 150～200 千克/亩的地块，氮肥（N）用量推荐为 3～5 千克/亩，磷肥（P_2O_5）用量为 2～4 千克/亩，钾肥（K_2O）用量为 1～2 千克/亩；产量为 200 千克/亩以上的地块，氮肥（N）用量推荐为 5～9 千克/亩，磷肥（P_2O_5）用量为 4～7 千克/亩，钾肥（K_2O）用量为 2～4 千克/亩。

马铃薯产量为 1 000 千克/亩以下的地块，氮肥（N）用量推荐为 1～4 千克/亩，磷肥（P_2O_5）用量为 1～3 千克/亩，速效钾（K_2O）用量为 1～3 千克/亩；产量为 1 000～1 500千克/亩的地块，氮肥（N）用量推荐为 4～7 千克/亩，磷肥（P_2O_5）用量为 3～6 千克/亩，速效钾（K_2O）用量为 3～6 千克/亩；产量为 1 500 千克/亩以上的地块，氮肥（N）用量推荐为 7～10 千克/亩，磷肥（P_2O_5）用量为 6～9 千克/亩，速效钾（K_2O）用量为 6～9 千克/亩。

第五节　耕地质量管理对策

耕地质量管理，是防治耕地污染和退化的重要手段，是中阳县农业可持续发展的保障性措施，涉及行政管理和技术应用两个层次的问题。因此，要管理体制的建立和科学技术的推广两方面开展工作。总体思路是，以发展优质高效、生态、安全农业为目标，以管理体制的建立为核心，以耕地质量动态监测和科学技术推广为手段，逐步提高耕地质量，满足人民日益增长的农产品需求。

一、建立依法管理体制

（一）建立和完善行政管理机制

1. 建立依法保障体系　耕地质量管理，涉及环保、国土、水利、经贸、农业等多个部门，县政府应组织成立耕地质量依法行政管理机构。

2. 制订总体规划 坚持"广泛宣传、全面监测，明确职责、强制执行"的原则，制订全县耕地防治总体规划，实行动态跟踪监测，划定污染区域类型，科学指导农业生产，分类制定污染处罚措施并强制执行；坚持"因地制宜、统筹兼顾，局部调整、挖掘潜力"的原则，制订全县耕地地力建设与土壤改良利用总体规划，实行耕地用养结合，划定中低产田改良利用范围和重点，分区制定改良措施，统一组织实施。

3. 加大资金投入 县政府要加大资金支持，县财政每年从农发资金中列支专项资金，用于全县中低产田改造和耕地污染区域综合治理，建立财政支持下的耕地质量信息网络，推进工作有效开展。

（二）建立和完善耕地质量监测网络

1. 设置监测机构 由县政府牵头，各职能部门参与，组建中阳县耕地质量监测领导组，制定工作细则和工作制度，依据检测网络提供的结果，强制超标排污单位限期整改，并对已污染的耕地负责修复治理。

2. 建立监测网络 设立专门监测管理机构，县、乡、村三级设定专人依法监测，分区布点，建立监控档案。参考本次耕地质量调查评价结果，初步划定安全、非污染、轻污染、中度污染、重污染五大区域建立监测网络，每个区域确定10～20个点，定人、定时、定点取样监测，建立耕地质量监测档案，并据监测结果对污染区域进行核准性划定。

（三）加强农业综合执法

县农业综合执法队，要加强对市场生产、销售的化肥、农药的全面管理，定期向社会发布化肥、农药检查的相关信息，提高农民对劣质和假冒农资的识别能力，及时将假冒农用物资律依法查封销毁。同时采取多种手段，加大对《环保法》和《中阳县耕地质量管理办法》的宣传力度，在重点污排企业及周围乡村印刷宣传广告，大力宣传环境保护政策及科普知识。

二、推广耕地质量保障性技术

（一）加强农业综合技术培训

建立和完善县、乡、村三级农业技术推广网络。抓好以下几方面技术培训：①宣传加强农业结构调整与耕地资源有效利用的目的及意义；②中低产田改造和土壤改良相关技术推广；③耕地地力环境质量建设与配套技术推广；④绿色无公害农产品生产技术操作规程；⑤农药、化肥安全施用技术培训；⑥农业法律、法规、环境保护相关法律的宣传培训。

通过技术培训，使全县人民掌握必要的科学知识与操作技能，提高农业生态环境、耕地质量环境的保护意识。

（二）科学提高土壤肥力

全面组织县、乡农业技术人员实地指导，指导农户合理轮作、科学施肥、安全施药，推广秸秆还田、种植绿肥、施用生物菌肥，多种途径提高土壤肥力，降低土壤污染。

（三）分区改良中低产田

实行分区改良，重点突破。灌溉改良区重点抓好灌溉配套设施的改造和建设；瘠薄培肥区重点抓好加厚耕作层、秸秆还田、增施有机肥、配方施肥，增加土壤养分含量；坡地梯改区重点抓好修筑梯田（水平梯田、隔坡梯田、缓坡梯田）为中心的田间水保工程，以增加梯田土体厚度，耕层熟化层厚度，控制水土流失。

（四）逐步改进治污技术

对不同污染企业采取烟尘、污水、污碴分类科学处理转化。对工业污染河道及周围农田，采取有效物理、化学降解技术，降解铅、镉及其他重金属污染物；对化肥、农药污染农田，要划区治理，积极利用农业科研成果，组成科技攻关组，引试降解剂，逐步消解污染物，在增施有机肥降解大田农药、化肥及垃圾废弃物污染的同时，积极宣传推广微生物菌肥，以改善土壤的理化性状，改变土壤溶液酸碱度，改善土壤团粒结构，减轻土壤板结，提高土壤保水、保肥性能。

三、扩大无公害农产品生产规模

在国际农产品质量标准市场一体化的形势下，扩大全县无公害农产品生产成为满足社会消费需求和农民增收的关键。同时通过无公害农产品生产的发展，可有效推进耕地质量建设工作的开展。

根据本次耕地质量综合评价结果，中阳县耕地目前属于安全级别，基本符合发展绿色无公害农产品生产的基础条件。

在中阳县发展绿色无公害农产品，扩大生产规模，可有效推进耕地质量建设工作的开展。要以耕地地力调查与质量评价结果为依据，充分发挥区域比较优势，合理布局。一是发展传统特色小杂粮生产；二是在蔬菜生产上，大力发展旱地无公害蔬菜生产；三是发挥本地玉米适应性强、品质好的优势，发展无公害玉米生产。

配套管理措施：

1. 建立组织保障体系　设立中阳县无公害农产品生产领导组，组织实施项目列入县政府工作计划，单列工作经费。

2. 加强质量检测体系建设　成立县级无公害农产品质量检验技术领导组，县、乡下设两级监测检验网点，配备设备及人员，制定工作流程，强化监测检验手段，提高检测检验质量，及时指导生产基地技术推广工作。

3. 制定技术规程　组织技术人员建立全县无公害农产品生产技术操作规程，重点抓好平衡施肥，合理施用农药，细化技术环节，实现标准化生产。

第六节　耕地资源管理信息系统的应用

耕地资源信息系统以一个县行政区域内耕地资源为对象，应用 GIS 技术，对辖区内的地形、地貌、土壤、土地利用、农田水利、土壤污染、农业生产基本情况、基本农田保护区等资料进行统一管理，并将其数据平台与各类管理模型结合，对辖区内的耕地资源进行系统的动态管理,为农业决策、农民和农业技术人员提供耕地质量动态变化规律、土壤适宜性、施肥咨询、作物营养诊断等多方位的信息服务系统。

本系统行政单元为村,农业单元为基本农田保护块,土壤单元为土种,系统基本管理单元为土壤、基本农田保护块、土地利用现状叠加所形成的评价单元。

该系统目前主要可应用于领导决策的参考、动态资料的管理、耕地资源的合理配置、施肥的科学指导等方面。

(一)利用耕地资源管理信息系统为领导决策提供依据

耕地资源信息系统,是以耕地自然要素、环境要素、社会要素及经济要素四个方面的调查情况为依据,应用现代 GIS 技术和质量评价理论及方法,通过全县生产潜力评价、适宜性评价、土壤养分评价、科学施肥、经济性评价、地力评价及产量预测等,建立的具有管理和服务功能的系统。因此,为领导决策提供以下几方面的依据:一是对全县耕地地力水平和生产潜力评估,可为农业长期规划和全面建设小康社会提供了依据;二是对耕地质量综合评价,为耕地保护和污染修复,为建立和完善耕地质量检测网络提供了依据;三是对耕地土壤适宜性及主要限制因素分析,为全县农业结构调整提供了依据。

(二)利用耕地资源管理信息系统对动态资料进行更新和管理

这次全县耕地地力调查与质量评价中,耕地土壤生产性能确定了立地条件、土壤属性、土体构型较稳定的物理性状、易变化的化学性状四大因素 9 个因子为耕地地力评价指标。耕地地力评价标准体系与 1984 年土壤普查技术标准出现部分变化,耕地要素中基础数据有大量变化,为动态资料更新提供了新要求。

1. 耕地地力动态资源内容更新

(1)评价技术体系有较大变化:这次调查与评价主要运用了"3S"评价技术。在技术方法上,采用文字评述法、专家经验法、模糊综合评价法、层次分析法、指数和法;在技术流程上,应用了叠置法确定评价单元,空间数据与属性数据相连接,采用特尔菲法和模糊综合评价法,确定评价指标,应用层次分析法确定各评价因子的组合权重,用数据标准化计算各评价因子的隶属函数并将数值进行标准化,应用累加法计算每个评价单元的耕地力综合评价指数,分析综合地力指数,分布划分地力等级,将评价的地方等级归入农业部地力等级体系,采取 GIS、GPS 系统编绘各种养分图和地力等级图等图件。

(2)评价内容有较大变化:除原有地形部位、土体构型等基础耕地地力要素相对稳定以外,土壤物理性状、易变化的化学性状、农田基础建设等要素变化较大,尤其是土壤容重、有机质、pH、有效磷、速效钾指数变化明显。

(3)增加了耕地质量综合评价体系:土样、水样化验检测结果为全县绿色、无公害农产品基地建立和发展提供了理论依据。图件资料的更新变化,为今后全县农业宏观调控提供了技术准备,空间数据库的建立为全县农业综合发展提供了数据支持,加速了全县农业信息化的快速发展。

2. 耕地地力动态资源的管理 结合这次耕地地力调查与质量评价,全县应及时成立技术指导组,确定专门技术人员,通过对有关资料的及时更新,为今后对耕地的有效管理提供了手段。

（三）利用耕地资源管理信息系统对耕地资源进行合理配置

耕地资源配置的含义，一是各土地利用类型在空间上的整体布局；二是同一土地利用类型在某一地域中是分散配置还是集中配置。耕地资源空间分布结构折射出其地域特征，而合理的空间分布结构可在一定程度上反映自然生态和社会经济系统间的协调程度。耕地的配置方式，对耕地产出效益有直接的影响，经过合理配置，农村耕地相对规模集中，既利于农业管理，又利于减少投工投资，耕地的利用效率就能够提高。因此，这次耕地地力调查与质量评价成果对指导全县耕地资源合理配置，提高土地利用效率具有现实意义。

1. 总体思路　耕地资源合理配置思路是：以确保粮食安全为前提，以耕地地力质量评价成果为依据，以统筹协调发展为目标，用养结合，因地制宜，内部挖潜，发挥耕地最大生产效益。

2. 主要措施

（1）加强组织管理，建立健全工作机制：要组建耕地资源合理配置协调管理工作体系，由农业、国土、环保、水利、林业等职能部门分工负责，密切配合，协同作战。技术部门要抓好技术方案制定和技术宣传培训工作。

（2）认真分析评价结果，科学配置耕地资源：一是要采取措施，严控企业占地，严控农村宅基地占用一级、二级耕田，加大废旧砖窑和农村废弃宅基地的返田改造，盘活耕地存量调整，"开源"与"节流"并举，加快耕地使用制度改革；二是要增加土地投入，大力改造中低产田，使农田数量与质量稳步提高；三是要十分重视耕地利用保护与粮食生产之间的关系，实现耕地总面积动态平衡的前提下，保证粮食种植面积，解决人口增长与耕地矛盾，实现农业经济和社会可持续发展。

（四）利用耕地资源管理信息系统对土、肥、水、热资源进行管理

耕地自然资源包括土、肥、水、热资源。它是在一定的自然和农业经济条件下逐渐形成的，其利用及变化均受到自然、社会、经济、技术条件的影响和制约。自然条件是耕地利用的基本要素。热量与降水是气候条件最活跃的因素，对耕地资源影响较为深刻，不仅影响耕地资源类型形成，更重要的是直接影响耕地的开发程度、利用方式、作物种植、耕作制度等方面。土壤肥力则是耕地地力与质量水平基础的反映。

在中阳县建立土壤、肥力、水热资源数据库，依照不同区域土、肥、水热状况，分类分区划定区域，设立监控点位、定人、定期填写检测结果，编制档案资料，形成有连续性的综合数据资料，通过对资料处理分析，指导农民在农业生产中合理利用土、肥、水、热资源，指导全县耕地地力恢复性建设。

（五）利用耕地资源管理信息系统指导科学施肥

按照"大配方、小调整"的思路，以《县域耕地资源管理信息系统》为平台，拟合当地主要作物区域施肥主体配方，通过会商论证确定后统一对外发布，引导肥料企业按方生产，指导农民按方购肥、施肥。

一是评价土壤养分丰缺状况。通过已建立的县域耕地资源管理信息系统，采用空间插值、以点代面等数学方法，用采样地块的养分值推导未采样地块的土壤养分数据，并根据不同作物对养分的需求，对土壤养分的丰缺状况进行评价，建立土壤养分丰缺指标体系。

二是更新施肥参数库采用目标产量法和土壤养分丰缺指标法两种方式确定施肥。其

中，目标产量法以地力差减法为主，以精确施氮为重点，通过无氮基础地力试验、精确施氮试验及配方校正试验结果，确定百克籽粒吸氮量、土壤基础供氮量和氮肥当季利用率等施肥参数；土壤养分丰缺指标法以筛选磷钾配比为重点，通过系统总结 3414 试验、磷钾肥料效应试验结果确定磷钾丰缺指标和合理用量，兼顾中微量元素应用。

三是确定作物目标产量。根据作物品种区域试验结果，将最高产量作为该品种的生产潜力产量，应用县域耕地资源管理信息系统对主推品种进行适宜性评价，并以适宜性评价的适宜度指数和该品种在当地气候条件下可能达到的产量潜力为依据，推荐确定县域范围内适宜的目标产量。

四是发布配方施肥信息。应用县域耕地资源管理信息系统的"县域配方拟合"和"施肥推荐"模块，拟合县域范围内所有地块的肥料配方和适宜用量，并通过互联网将配方施肥信息发布。同时，将这些信息加载到触摸屏、掌上电脑、网上查询系统或一图一表上，农民在肥料销售点就可以了解到自家地块的土壤基本信息、耕地质量状况以及施肥建议，购买适合自家田块的配方肥料。

（六）利用耕地资源管理信息系统进行信息发布与咨询

耕地地力与质量信息发布与咨询，直接关系到耕地地力水平的提高，关系到农业结构调整与农民增收目标的实现。

1. 建立信息发布与咨询体系

以县农业技术部门为依托，在省、市农业技术部门的支持下，建立耕地地力与质量信息发布咨询服务体系，建立相关数据资料展览室，将全县土壤、土地利用、农田水利、土壤污染、基本农业田保护区等相关信息融入电脑网络之中，充分利用县、乡两级农业信息服务网络，对辖区内的耕地资源进行系统的动态管理，为农业生产和结构调整做好耕地质量动态变化、土壤适宜性、施肥咨询、作物营养诊断等多方位的信息服务。在乡村建立专门试验示范生产区，专业技术人员要做好协助指导管理，为农户提供技术、市场、物资供求信息，定期记录监测数据，实现规范化管理。

2. 开展信息发布与咨询服务

（1）农业信息发布与咨询：重点抓好小杂粮、蔬菜、水果、中药材等适栽品种供求动态、适栽管理技术、无公害农产品化肥和农药科学施用技术、农田环境质量技术标准的入户宣传、编制通俗易懂的文字、图片发放到每家每户。

（2）开辟空中课堂抓宣传：充分利用覆盖全县的电视传媒信号，定期做好专题资料宣传，并设立信息咨询服务电话热线，及时解答和解决农民提出的各种疑难问题。

图书在版编目（CIP）数据

中阳县耕地地力评价与利用 / 张君伟主编 . —北京：
中国农业出版社，2015.12
ISBN 978-7-109-21198-8

Ⅰ.①中… Ⅱ.①张… Ⅲ.①耕作土壤－土壤肥力－
土壤调查－中阳县②耕作土壤－土壤评价－中阳县 Ⅳ.
①S159.225.4②S158

中国版本图书馆 CIP 数据核字（2015）第 285918 号

中国农业出版社出版
（北京市朝阳区麦子店街 18 号楼）
（邮政编码 100125）
责任编辑 杨桂华

中国农业出版社印刷厂印刷 新华书店北京发行所发行
2016 年 3 月第 1 版 2016 年 3 月北京第 1 次印刷

开本：787mm×1092mm 1/16 印张：10 插页：1
字数：250 千字
定价：80.00 元
（凡本版图书出现印刷、装订错误，请向出版社发行部调换）